U0517005

课题制视角下的
科研项目绩效影响因素
实证研究

章 磊 著

中国财经出版传媒集团

经济科学出版社
Economic Science Press

图书在版编目（CIP）数据

课题制视角下的科研项目绩效影响因素实证研究/章磊著.
—北京：经济科学出版社，2020.8
　ISBN 978 - 7 - 5218 - 1756 - 0

　Ⅰ.①课…　Ⅱ.①章…　Ⅲ.①科研项目 - 项目管理 -
研究　Ⅳ.①G311

　中国版本图书馆 CIP 数据核字（2020）第 137894 号

责任编辑：申先菊　赵　悦
责任校对：隋立娜
责任印制：邱　天

课题制视角下的科研项目绩效影响因素实证研究
章　磊　著
经济科学出版社出版、发行　新华书店经销
社址：北京市海淀区阜成路甲 28 号　邮编：100142
总编部电话：010 - 88191217　发行部电话：010 - 88191522
网址：www. esp. com. cn
电子邮箱：esp@ esp. com. cn
天猫网店：经济科学出版社旗舰店
网址：http://jjkxcbs. tmall. com
北京季蜂印刷有限公司印装
710×1000　16 开　13 印张　200000 字
2020 年 8 月第 1 版　2020 年 8 月第 1 次印刷
ISBN 978 - 7 - 5218 - 1756 - 0　定价：58.00 元
（图书出现印装问题，本社负责调换。电话：010 - 88191510）
（版权所有　侵权必究　打击盗版　举报热线：010 - 88191661
QQ：2242791300　营销中心电话：010 - 88191537
电子邮箱：dbts@ esp. com. cn）

前　　言

　　科研项目是开展科学技术活动主要形式之一，在探索解决国家科学和社会问题的过程中发挥着重要作用。寻找科研项目绩效影响因素及途径是当前科研项目管理实践最为重要的问题，也是理论界一直所关注的重要问题。以往研究虽然从理论上针对项目绩效影响因素进行了分析和归纳，也开展了一些实证研究，但从研究内容来看其主要是探讨单个利益主体对项目绩效的影响，缺乏把不同利益主体相关因素整合并纳入统一分析框架进行分析和验证，尤其是结合科研项目情境下探讨更为鲜见。而相关反映不同利益主体行为的变量，如，项目资助、组织支持、行为整合、即兴创造等与项目绩效的关系等正成为学术界和实践界关注的焦点，然而已有研究大多是围绕变量之间的关系展开或者从理论层面展开论述。因此，本书在课题制背景下探讨不同利益主体相互关系及其对科研项目绩效的影响，具有重要的理论和实践意义。

　　本书通过对相关理论和研究现状的分析与归纳，分析了课题制下不同利益主体对科研项目绩效的影响机制，构建了基于组织、个人和团队层面的科研项目绩效影响因素分析框架。在此基础上，分别从这三个层面分析了科研项目资助和依托单位组织支持、项目负责人个体特征和管理控制、项目成员行为整合和即兴创造与科研项目绩效的关系，提出了相关研究假设。本书通过收集的主观与客观数据，利用统计分析软件，对研究假设进行了实证检验，发现了不同层面的利益主体对科研项目绩效的影响路径和作用机理。本书实现了对现有理论的深入和拓展，研究结论对科研项目管理实践具有一定的指导意义。创新点和贡献主要体现在以下四个方面内容。

　　第一，本书在课题制背景下系统地探讨了科研项目绩效影响因素，指出了不同层面利益主体对科研项目绩效的影响机制，构建了基于组织、个人和团队层面的科研项目绩效影响因素分析框架，并在此分析框架下分别探讨科研项目主管机构项目资助和依托单位组织支持、科研项目负责人个体特征和管理控制以及科研项目成员行为整合和即兴创造对科研项目绩效的影响，通过多元回归分析、调节作用模型和中介作用分析等统计分析技术对分别提出的理论假设进行了统计验证。本书在委托代理、利益相关者等理论的基础上，探讨了不同层面利益主体对科研项目绩效影响机制，提出科研项目绩效受到多层次因素影响的特点，证实了不同利益主体对科研项目绩效的影响途径。这些结论在一定程度上能够完善和扩展以往研究，为寻找制约科研项目绩效的因素提供了基础，对指导我国科研项目管理实践也具有十分重要的现实意义。

第二，本书采用项目资助架构对作为科研项目主管机构项目资助行为进行描述，研究了科研项目资助对科研项目绩效的影响。实证研究发现科研项目外部聚焦资助活动和内部聚焦资助活动对科研项目绩效能够产生显著的正向影响，同时发现依托单位组织支持能够有效调节科研项目资助与项目绩效的关系。本书研究证实了以前许多学者研究认为项目资助者能够支持项目实施成功的论述，同时进一步考虑了依托单位作为项目管理体系重要组成部分在科研项目实施过程中的效应。研究结论能够有助于解释在中国当前科研管理体制中，作为科研项目管理体系中的两个重要组织——科研项目主管机构和依托单位对科研项目绩效影响及其途径，研究拓展了在课题制下科研项目主管机构和依托单位在科研项目实施过程中作用发挥的认识，丰富了项目资助和组织支持的理论研究及适用范围，深刻揭示了其对科研项目绩效影响的内在机理。

第三，本书在分析科研项目负责人个体特征与科研项目绩效关系的同时，也考虑了科研项目负责人管理控制对科研项目绩效的影响。实证研究发现，科研项目负责人年龄与科研项目绩效之间存在非线性的 U 形曲线关系，科研项目负责人职称对科研项目绩效有显著的正向影响，以及科研项目负责人担任领导职务及出国留学经历对科研项目有显著的负向影响。同时，发现科研项目负责人实施的过程控制与科研项目绩效之间存在非线性的倒 U 形曲线关系，以及结果控制对科研项目绩效有显著的正向影响，进而获取了科研项目负责人与项目绩效之间关系更加全面、准确、科学的认识。本书的研究弥补了以往理论上项目领导特征对项目成功影响的论述，丰富和完善了项目领导行为相关理论研究，为科研项目主管机构开展资助项目活动和项目负责人改善项目管理提供了理论依据。

　　第四，深入研究了科研项目成员行为整合、即兴创造与项目绩效的直接关系，更进一步分析了项目成员行为整合能够经由即兴创造对科研项目绩效产生间接作用。实证研究发现行为整合能够较好地解释项目成员互动过程对科研项目绩效的影响，而且项目成员行为整合能够通过即兴创造的产生，使项目成员能更好地面对项目不确定性和创新性需求。虽然已有国外学者在项目成员一些行为变量与项目绩效关系的研究领域已经积累了一些丰富的文献，但是由于项目成员互动过程是一个"黑盒子"，难以通过单一或几个变量进行反映，从项目成员互动过程整体性分析其对项目绩效尤其是科研项目绩效的实证研究比较缺乏，而且在项目成员行为互动过程背景下探讨即兴创造与项目绩效的关系更为鲜见。因此，研究结论能够拓展以往项目成员互动过程与项目绩效关系的研究，进一步提升即兴创造对项目完成重要性的认识，为改善课题制下科研项目管理和提高科研项目绩效水平提供了理论依据。

目　　录

第1章

绪　　论

1.1　研究背景

1.1.1　实践背景

经过30多年的发展历程，我国经济发展取得了举世瞩目的成就，综合国力显著增强，其中，科学技术在国家综合国力提升、社会进步以及经济发展中发挥了巨大的作用。2008年6月27日，国家科技部部长万钢在"第七届中国科学家论坛"曾经指出的："谁掌握了先进科学技术，掌握了自主创新的能力，谁就掌握了国家发展的战略主动权，掌握了国家竞争的主动权，掌握了经济社会发展的主动权"[1]。但从整体上来看，我国科学技术发展水平与发达国家相比总体水平还相对落后，许多研究领域整体处于落后或跟踪状态，具有自主知识产权的重大科技成果数量不够多[2]，从而在一定程度上导致科技创新能力较为薄弱，科学技术发展滞后于经济发展，这是经济社会发展亟须解决的问题。

为有效提高我国科学技术发展水平，以便适应经济社会发展以及科学研究问题的需求，国家对科学技术的财政资金投入也逐渐增加，如，2009年中央投入财政科技1461亿元，较2008年增长25.6%。科研项目作为开展科学技术活动的具体表现的主要形式[3]，是科学技术财政支出的主要内容[4]，也是我国科研人员从事科研活动的主要形式。科研项目是探索并解决国家科学和社会问题的重要方式，其完成的质量直接反映了科学技术水平的高低。伴随着国家财政资金的持续投入，科研项目体系结构不断优化以及对社会产生的效益不断增大，尤其是对提高我国的自主创新能力、加强高层次科技人才的培养、解决国家重要科学和社会经济问题的支撑地位日益突出，社会各界也更加关注科研项目实施情况。

在"新公共管理"运动强调的结果、问责、透明和回应在我国得以广泛传播的背景下[5,6]，国家各级财政部门、科研项目主管机构逐渐重视政府财政资助科研项目绩效状况，科研项目绩效问题也成为学者和实践界关注的焦点，而且科研项目绩效状况也被视为优化资源的分配、评价项目管理水平与管理效率的重要依据[7]。近年来，国家各级财政部门、科研项目主管机构越来越重视科研项目绩效问题，并在实践中对科研项目绩效开展评估活动，例如，2010 年国家自然科学基金委对其资助与管理绩效展开绩效评估①；国家自然科学基金委信息科学部、管理科学部等学部对其所资助基金项目开展绩效评估等。但总体来说，科研项目绩效状况却不容乐观，主要表现为按期结题率不高、执行效率较低、研究质量较差等方面。例如，湖南省教育厅 2008 年对其上半年资助的科研项目进行结题检查，发现报送的结题申请及备案数量仅 324 项，仅占总数的 1/3，在梳理以前每年结题情况发现在 2000～2004 年其资助的科研项目累计结题率最多只占总数的 80.5%[8]；2003 年，我国中部某省科技厅对 16 个"十一五"科技攻关重大项目中的 100 多个课题进行中期评估，结果有 10 多个课题因项目执行效率低、合作实施效果差的原因而被亮黄牌，还有几个情节严重的课题被立即中止[9]；全国社科规划办在 2010 年 3 月审核、审批了 183 份国家社会科学基金项目成果鉴定结项材料，其中，148 项成果质量较好，35 项成果因存在不同程度的问题未能结项，占 19.13%[10]；国家自然科学基金委管理科学部对 1992～2001 年所资助的各类面上项目进行评估后，发现其中，评为中和差的项目占总项目的 10% 左右[11]。据此可知，当前科研项目绩效状况已成为制约我国科学技术水平和实力提升的根源之一，为此寻找影响科研项目绩效因素并以此作为绩效改进的

① 本书的研究属于国家自然科学基金资助与管理绩效国际评估前期理论研究的部分内容，相关研究成果已为国家自然科学基金委所采纳，并已在实践中得到推广使用。

依据，已经成为科研项目管理体系中相关组织或机构所面临的亟待解决的问题。

与此同时，为实现科研项目管理规范化，提高科研项目研究质量和经费使用效益，国家相关部门从制度安排上进行了规范和保障，其中以 2002 年国家颁布实施的《关于国家科研计划实施课题制管理的规定》在国家科研计划中全面推行，成为我国科研活动中一种行之有效的基本管理制度，并明确了科研项目组织中各参与利益主体的行为和权责关系。科研项目组织是为完成项目研究预期目标而进行系统安排的一种手段，是项目成功与否的关键，关系到项目能否取得良好产出效益[12]，其在制度安排下涉及的科研项目主管机构、依托单位、项目负责人以及项目成员等利益主体的行为对科研项目影响至关重要。科研项目主管机构是科研项目组织中科研资源的掌握者，其往往是采用招投标的形式委托科研项目负责人或依托单位来研究相关科研问题，并对科研项目实施情况进行监督和验收。当前，科研项目主管机构囿于人力、财力等资源限制，往往采用"抓两头"的管理方式即偏重项目申请和成果管理，忽视过程管理[13]。而对科研项目过程管理的权限更多是赋予了科研项目依托单位，作为科研项目管理组织的重要组成部分，其还承担着给予科研项目支持，尽可能地满足科研项目所需的条件，为项目成员创造一个良好的研究氛围[14]，因此，依托单位在科研项目实施过程中发挥着纽带和桥梁作用[15]。然而，在现实科研项目管理中，依托单位的作用发挥并没有充分显现，导致了"失察、失管、失教"、只收"管理费"而对项目"放羊"等不良现象的发生[16,17]。

科研项目负责人是科研项目团队的核心，在科研项目整个生命周期起着至关重要的作用[18]，表现为在项目实施过程中对研究问题的提出、分析及解决等方面具有充分的自主权，其科研能力、声誉对科研项目按照合同确定的预期目标执行完成具有重要意义[19]。但在当前科研管理体制下尤其是科研资源竞争激烈以及职称晋升压力下，科研项目负责人作用发挥的并不够理想，"重立项、轻管理""重申请、轻验收"的现象较为严重，而且在引导项目成员实施项目、及时掌控项目进度等方面往往重视不足[20,21]。由此造成的结果是科研项目负责人在争取到科研项目后，更多交由科研项目部分成员或个别成员负责项目的研究工作，科研项目负责人实际上参与科研项目研究花费的时间较少，缺乏对项目实施进度、结果的监管，从而导致了科研项目难以完成预期研究目标且研究成果质量不高。

　　科研项目实施主要由项目成员组建的工作小团队承担完成，科研项目负责人往往根据项目目标而选择合适人员组建临时的协同工作团队[22]。构建多样化的团队作为一种有效的人力资源战略[23,24]，以期获取科研项目资源资助，在我国背景下的科研项目实施过程中已被广泛采用。同时也希望借此开展项目成员合作的创新模式即"非同行合作"，将不同相关的观念、理论和研究方法有效整合，以寻找项目研究的突破点和新见解，并进一步提供项目成员的创造力，从而对科研项目成员之间如何能够更好地处理互动过程，提出了更高的要求[25,26]。当前从我国科研项目团队实施过程来看，科研项目成员互动过程中还存在诸如相互信任程度降低、合作精神缺失、相互知识共享程度不高、协作、支持缺乏、沟通不够等不足之处[27,28]。同时为了满足科研项目"交差"的要求，往往采用拼凑研究成果、包装以往成果等方式[29]，以期能够顺利通过科研项目结题验收。科研项目成员互动过程中的不利行为直接影响了科研项目完成，也不利于激发科研人员的创造力以及创新性成果产生[30]。

　　综上所述，科研项目绩效问题有其自身的特殊性，除与科研项目技术属性特征相关外，科研项目管理质量好与坏也直接影响到科研项目绩效水平的高低[31]，根据有关科研项目主管机构统计发现，在未完成的科研项目中，70%都是由人员及管理因素所导致[32]。对于科研项目而言，影响科研项目绩效的人员和管理因素多种多样，但基于课题制的背景分析可以发现，科研项目中涉及的各利益主体会对科研项目绩效产生重要影响[33]。而其中又以核心利益主体的科研项目组织机构、依托单位、项目负责人和项目成员的影响最为关键，这些利益主体在项目实施过程中的行为过程甚至特征都能够影响科研项目绩效[34]。因此，聚焦于课题制背景下，以科研项目利益主体作为研究的出发点，分析其相关因素对科研项目影响的路径和作用方式，对改善和提升科研项目绩效水平具有丰富的现实意义。而且伴随着我国科技体制改革持续深入以及开展国家科技绩效评估制度的出台，也能为探讨完善科研项目管理及其评估研究提供方向。

1.1.2　理论背景

　　在项目管理研究领域中，项目绩效是许多社会科学领域关注的重要问题，如，经济学、管理学、社会学等，寻找项目绩效影响的关键要素一直受到广泛的关注，整体而言项目管理研究仍然处于一个初始的发展阶段[35,36]。国外研究者在早期探索项目成功的相关研究认为，项目成功的关键在于能否确定项目成功的关键要素[37]，并且发现人员、管理因素比技术层面的因素更能让项目成功[38]。越来越多学者通过对项目实施的观察，关注到人员和管理因素对项目绩效的影响，然而从现有相关研究来看，只有少部分研究从项目人员和管理方面开展实证研究[39,40]。因此，有必要深入研究项目中涉及不同利益主体相关因素对项目成功的影响[41]。

从现有的项目绩效或项目成功研究的文献来看，国内外学者对项目绩效影响因素开展了丰富的研究。鲁宾和西利格最先提出项目成功或者失败的因素，并从项目管理者经验角度分析对项目成功或失败的影响[132]。经过近 40 年的研究，项目绩效影响因素的研究成果比较丰富。概括起来，现有项目绩效影响因素研究主要从两个方面开展，一方面，是从系统整体性的角度通过理论阐析项目绩效影响因素；另一方面，是从微观层面实证验证单个变量或者多个变量对项目绩效的影响。从系统整体性角度研究项目绩效影响因素的主要代表有：平托和斯莱文把项目绩效影响因素分为战略与战术两大类，战略类因素包括项目任务、高层管理支持和项目计划；而战术因素包括顾客咨询、人员选择和培训[42]；贝拉西和图克尔提出了项目影响关键因素的分类框架，从项目自身特征、项目管理者和团队、项目组织和项目环境四个方面系统描述了其对项目绩效的影响[43]；特里·库克·戴维斯在分析了导致项目管理成功、项目成功以及项目持续成功的因素后，从项目时间、成本、质量和执行过程四个方面确定了 12 类对项目绩效产生影响的关键因素，如，控制过程、组织责任、知识学习等，并通过具体分析战略合作项目、研发项目以及信息系统开发项目等项目探讨其适用性[44]。纵观上述研究采用的研究方法，主要是使用规范性的研究方法，即从理论层面分析并提出项目绩效影响因素的系统性分析框架，而较少在此基础上采用实证的研究进行分析验证。

相对而言，微观层面研究主要采用规范性研究和实证研究相结合的方法，分析单个变量或者多个变量对项目绩效影响因素及其途径，研究主要聚焦项目领导、项目团队以及组织等相关变量探讨与项目绩效的关系。国内外学者围绕项目领导特征、行为对项目绩效影响的问题展开了相关研究，例如，从项目领导特征、领导风格以及领导管理控制等角度分别研究其对项目绩效的影响；从项目团队相关变量与项目绩效之间的关系展开了丰富的研究，如丁鹏和志忠等分析科研团队项目多样化对项目绩效的影响[191]；从团队动态行为，如，沟通、合作、冲突等方面也展开了分析和研究；而围绕相关组织变量对项目绩效影响的研究，国外学者也展开了相关研究，例如，从项目组织提供的管理支持和项目拥有人开展的项目资助等角度开展了相关的研究。这些研究验证的结果丰富了项目绩效影响因素的研究，能为后续学者深入探讨此问题提供理论支持。从上述研究内容来看，不仅反映出个人层面因素的影响——通常反映为项目领导能够对项目绩效产生影响，而且组织和团队层面的相关因素也能够对项目绩效产生影响，但现有研究主要从单个层面利益主体相关的行为或特征探讨其对项目绩效影响。穆勒和图尔纳指出项目中涉及的利益主体之间存在多重委托代理关系[45]，这些利益主体对项目成功或完成与否有着非常重要的影响[33]，因此有必要把不同层面利益主体纳入统一分析框架探讨其对项目绩效的影响。

从现有的关于利益主体与项目绩效之间关系的研究来看，许多研究发现了利益主体对项目绩效具有非常重要的作用。埃利亚斯、卡瓦纳和杰克逊指出不同利益主体对项目影响具有不同的途径，而了解利益主体及其兴趣能够帮助更好地管理科学研究与试验发展（research and development，R&D）项目[46]；潘通过使用利益相关者分析方法分析了利益主体在决定项目继续与否的作用，研究采用弗里曼提出的利益相关分析框架分析了利益主体对项目和结果的兴趣、利益主体分享项目目标、利益主体期望和内部联系以及利益主体的作用，通过提供项目执行期间项目利益主体的感知、期望和内部关系从而更好地从利益主体视角了解其在项目决策中的作用[47]；王和黄研究了关键项目利益主体与项目成功之间的关系，他们发现项目利益主体彼此之间积极地进行关联，项目资助者在项目成功中扮演着重要作用，以及项目管理组织绩效对项目成功有着显著的影响[48]。已有关于利益主体对项目绩效的研究主要还是集中于探讨如何识别项目关键利益主体、利益主体需求和兴趣对项目的影响，而关于不同利益主体特征或行为变量如何影响项目的研究较为缺乏，尤其是在一个统一框架中开展分析的更为少见。

我国学者对项目绩效关键因素的研究也方兴未艾，并针对不同类型的项目，如，新产品开发项目、IS/IT 项目进行了探索性研究。对项目成功因素的相关文献进行综合分析，得出了近十年来项目成功因素研究的主要特点以及项目成功因素的基本特征[1]。另外有学者建立了新产品项目（New Product

Development，NPD）关键成功因素的概念模型，通过分析不同创新程度对
NPD 项目关键成功因素的差异；对由于项目利益相关者对项目期望的差别，
造成了判断项目成功标准的不统一，研究通过分析项目利益相关者的价值需
求，识别了项目利益相关者，并建立了项目核心价值生成模型和实现模型；
针对新技术商业化过程中项目管理层级差异、管理团队的职业差异与项目绩
效之间的关系也进行了实证研究，研究发现管理团队经验越丰富项目绩效越
好，而管理层级差异对项目绩效没有显著影响。

总体来说，国外对项目绩效影响因素的研究经历了大概四十多年，研究
成果较为丰富，同时针对不同种类型项目的研究开展了大量实证研究。相比
而言，我国项目绩效影响因素的研究主要集中在 21 世纪初期，并且研究范畴
较为局限，相关实证研究以及研究成果较为鲜见。从理论研究发展来看，围
绕项目利益主体对项目绩效影响的研究是当前项目管理理论研究的方向之一，
而深入分析项目利益主体的行为或特征的影响也成为未来理论发展的主要内
容。因此，本书聚焦项目绩效影响因素，通过分析不同层面利益主体相互之
间的关系以及对项目绩效的影响机制，进而探讨它们对项目绩效的影响途径，
并在我国科研项目实施背景下进行探讨，能够对上述理论文献和研究领域进
行拓展和深化，以及为改善我国科研项目管理机制和提高科研项目绩效水平
具有十分重要的实践价值。

1.2 研究问题与内容

从上述实践和理论背景中，我们可以发现科研项目绩效问题已经引起广
泛关注，通过对相关理论研究和实证研究的分析，可以发现一些有益的启示。
首先，从研究内容来看，学者们越来越重视项目中人员、管理因素影响项目
绩效的研究，并分析其相关变量之间的关系和影响路径，研究成果对现实管
理实践具有较强指导意义。其次，从理论框架来看，研究者们已开始采用委
托代理理论、利益相关者理论等作为分析理论基础，从不同层面构建了科研
项目绩效影响因素的不同研究理论模型。国内学者尚无针对科研项目绩效影
响因素开展系统地分析，尤其是在课题制背景下，也未发现涉及此方面的实
证研究成果。结合本书分析实际与理论背景，欲针对以下 4 个方面的问题展

开研究。

（1）课题制背景下科研项目涉及的不同利益主体对科研项目绩效的影响机制如何？具体而言，作为组织层面的科研项目主管机构、依托单位影响科研项目绩效途径有哪些？个人层面的科研项目负责人影响科研项目绩效途径有哪些？团队层面的科研项目成员影响科研项目绩效途径有哪些？

（2）科研项目主管机构项目资助、依托单位组织支持如何影响科研项目绩效？具体而言，科研项目绩效在多大程度上受到科研项目主管机构项目资助的影响？尤其是在依托单位组织支持下两者关系如何？

（3）科研项目负责人个体特征和管理控制如何影响科研项目绩效？具体而言，科研项目负责人个体特征是否会对科研项目绩效产生影响？在项目实施过程中科研项目负责人管理控制能否有利于科研项目绩效？

（4）科研项目成员行为整合、即兴创造如何影响科研项目绩效？具体而言，科研项目绩效在多大程度上受到科研项目成员行为整合的影响？项目成员即兴创造在其中发挥了怎样的作用？

本书据此研究的内容包括以下 3 个方面：①在对委托代理理论、利益相关者理论、制度理论、科研项目绩效测量以及影响因素等相关文献进行回顾和分析的基础上，结合课题制背景针对我国科研项目中的利益主体相互关系进行了探讨，分析了不同层面利益主体对科研项目绩效的影响机制，构建课题制下科研项目绩效影响因素分析框架。②针对构建科研项目绩效影响因素分析框架进行实证分析，采用特定的数据统计方法验证提出的理论模型，分别分析了科研项目资助和依托单位组织支持、科研项目负责人个体特征和管理控制以及科研项目成员行为整合和即兴创造对科研项目绩效的影响。③根据研究结论分别对科研项目组织和管理提供了相关建议。

1.3 研究目的与意义

1.3.1 研究目的

本书旨在以当期我国科研体制改革下科研项目的现实背景，在相关研究的基础上，系统地探讨课题制背景下上述研究问题，通过实证分析探讨科研项目绩效影响因素及其作用机制。具体来说，研究试图达到以下 4 点主要目的。

（1）借鉴相关理论观点以及相关的研究文献，通过对科研项目现实管理现状分析并结合理论推导，探讨了课题制下科研项目利益主体与科研项目绩效之间的关系，从不同层面分析了各利益主体对科研项目绩效的影响机制，并构建课题制下科研项目绩效影响因素的分析框架。在此基础上，对分析框架中各利益主体相关变量对科研项目绩效的作用路径加以证明和解释，以期能够拓展已有项目绩效影响的相关研究，丰富科研项目管理的研究成果。

（2）探讨科研项目资助、依托单位组织支持对科研项目绩效的影响。在已有研究文献的基础上，拓展项目资助与项目绩效之间关系的研究，进一步考察在科研项目背景下项目资助对项目绩效的影响。不仅将科研项目主管机构的项目资助行为视为提升科研项目绩效的基础，而且结合科研项目管理实际情境引入依托单位组织支持，以期能够更有效地解释科研项目资助与项目绩效之间的关系。在明晰项目的内涵及测量基础上，从实证角度验证科研项目资助、依托单位组织支持与科研项目绩效的关系，能够为在当前中国科研体制改革以及课题制背景下，进一步理解科研项目管理模式和运行机制提供理论支撑。

（3）探讨科研项目负责人个体特征、管理控制对科研项目绩效的影响。在已有理论层面阐析项目领导特征对项目绩效影响研究的基础上，在科研项目背景下采用实证方法验证项目负责人个体特征对项目绩效的影响，以期研究结论能够充实关于两者之间关系的理论研究，并考虑在项目管理中科研项目负责人发挥的作用，引入管理控制作为探讨科研项目负责人行为对科研项目绩效的影响。从实证角度明晰科研项目负责人个体特征、管理控制对科研项目绩效的影响，能够为指导现实科研项目主管机构或项目评审专家开展科研项目资助评审工作和科研项目负责人如何引导项目成员开展研究以及有效保证科研项目完成提供理论依据。

（4）探讨科研项目成员行为整合、即兴创造对项目绩效的影响。在已有项目成员互动过程对项目绩效影响的文献基础上，进一步打开项目成员互动过程的"黑箱"，采用行为整合作为描述项目成员互动过程的整体情况，探讨其对项目绩效的影响及路径，同时根据组织创造力理论的观点，引入即兴创造作为中间变量，以期进一步提高项目成员行为整合对项目绩效影响的解释力，并从实证角度明晰项目成员行为整合、即兴创造与项目绩效之间的关系。将行为整合、即兴创造联合起来解释对项目绩效的影响，能够符合科研项目创新性以及实施特征，以期为项目管理领域寻找科研项目绩效的研究提供新的视角。

1.3.2　研究意义

（1）理论意义。

第一，本书的研究有助于在理论上进一步明晰不同利益主体对项目绩效的影响以及在提升项目绩效的重要作用，识别项目中不同利益主体对项目绩效影响的作用路径以及内在机理。在分析科研项目中各利益主体委托关系的基础上，分别从不同层面探讨了各利益主体对科研项目绩效影响的机制，从而能够为寻找科研项目绩效影响因素提供新的解释，提出的研究分析框架具有一定的适用性，也能够拓展其他类型项目研究领域。

第二，本书的研究有助于在理论上进一步明晰项目资助对项目绩效产生的效应。通过将项目资助划分为外部和内部聚焦资助活动两个维度，在中国科研项目背景下分别探讨了项目资助两个维度对科研项目绩效的影响，能够为进一步扩展项目资助已有相关研究。同时将依托单位组织支持作为调节变量引入理论进行分析和检验，进一步拓展理论模型的深度和适用性，研究能够丰富该领域的相关研究文献。

第三，本书的研究有助于在理论上进一步明晰项目领导特征、管理控制对项目绩效的影响。相对以往研究主要从理论上阐述了项目领导特征对项目绩效能够产生影响，采用实证研究的方法对项目负责人个体特征与项目绩效的影响进行了验证，研究从方法上弥补了相关研究的不足，并在科研项目背景下探讨项目负责人管理控制的方式以及分析了其对项目绩效的影响，研究不仅丰富了项目领导动态行为研究内容，也拓展了项目管理控制研究的应用领域。

第四，本书的研究有助于在理论上进一步明晰项目成员行为整合、即兴创造对项目绩效的影响。相对于以往行为整合研究主要面向于高管团队，本书的研究探讨了其在一般性团队的适用性、拓展了其适用范围，同时在组织创造力理论的基础上，将行为整合与即兴创造结合起来探讨其对项目的影响，能够有力地补充已有文献关于行为整合的效应以及即兴创造对项目绩效影响的研究。

（2）实践意义。

第一，本书提出的研究内容以及后续研究结论能够进一步解释科研项目绩效的影响因素及作用机制，从而为有效识别科研项目绩效的影响因素及发生过程，寻求提升科研项目绩效水平提供了解决理论依据，并有助于科研项目主管机构完善现有科研项目管理模式以及制定相关政策措施，能够为提高我国科研项目管理水平做出贡献。

第二，本书分析科研项目主管机构项目资助、依托单位组织支持与项目绩效关系的作用，认为科研项目资助有助于提升项目绩效，尤其是在依托单位组织支持下更为明显。研究能够解释课题制下科研项目管理体系组织层面的利益相关者在项目管理中的作用机制，从而为进一步指导科研项目主管机构开展资助活动以及充分发挥依托单位在科研项目管理体系的作用提供支持。

第三，本书探讨科研项目负责人个体特征、管理控制与项目绩效的关系，认为科研项目负责人个体特征是决定科研项目绩效的基础，而其实施的管理控制提升科研项目绩效的保证。本研究将从实证研究对此进行讨论，研究能够有利于加深科研项目主管机构或项目评审专家对科研项目负责人在项目申请和实施过程中作用的认识和理解，从而为科研项目申请和组织工作提供理论基础和经验证据。

第四，本书聚焦于科研项目成员互动过程和即兴创造在科研项目实施过程的作用。相对于传统科研项目管理较多关注科研项目负责人的权责利，而对项目成员互动过程以及创造能力产生的影响关注不够，本书将在这方面进行探讨，研究结果能有利于科研项目主管机构以及项目负责人深化认识项目成员互动过程和即兴创造对项目绩效的影响，从而为改进科研项目管理方式以及提升科研项目绩效水平提供依据。

1.4　研　究　方　法

在研究方法上，本书采用了归纳与演绎推理、理论与实证研究、定性与定量分析相结合的研究方法，具体方法包括以下 3 点内容。

（1）归纳与演绎推理相结合的方法。查阅大量国内外相关的研究文献，在阅读文献的基础上，对现有的中英文文献进行了筛选、整理和提炼，归纳出研究存在的不足，并结合我国科研项目管理实践的分析，形成本书的研究分析框架。在此基础上，对分析框架内的利益主体对项目绩效的关系分别进行了研究并提出详细的假设。

（2）理论与实证研究相结合的方法。本书问题的提出是建立在分析科研项目实际情况和现有研究不足的基础上，而且分析理论框架和假设也建立分析现有相关理论基础以及相关变量研究基础之上。对于实证研究，主要收集了科研项目负责人个体特征的客观数据和科研项目资助、依托单位组织支持、管理控制、行为整合、即兴创造和项目绩效等主观数据的基础上，采用多元回归模型对假设进行验证。

（3）定性分析与定量分析相结合的方法。对于定性分析，针对需要研究的问题，基于现有理论基础提出研究假设。在定量分析方面，通过收集验证假设所需要的客观数据，采用多元回归方程对提出的模型和假设进行验证，使研究结论更具科学性和准确性。

1.5　框架及内容安排

在上述研究目标的指导下，本书主要从理论论证、实证分析和结果分析等几个方面展开，共分 8 章。本书的结构安排如下。

第 1 章，绪论。对研究的背景、研究问题与内容、研究目的与意义、研究方法及内容安排进行了概述。从实践和理论背景角度分析了当前我国科研项目管理存在的问题，通过对相关研究分析明确了目前研究中存在的不足，在此基础上提出研究问题以及主要研究内容，给出了本书采用的研究方法，构建了总体研究框架。

第 2 章，理论基础及文献综述。首先，本章对研究中涉及的相关理论基础进行了介绍和分析，具体包括委托代理理论、利益相关者理论和制度理论等，为科研项目绩效分析框架的提出提供了理论依据。其次，还对科研项目和绩效相关概念进行了清晰界定，并对科研项目绩效测量以及影响因素相关研究进行了梳理和综述，从而为本书进一步研究指明了方向。

第 3 章，课题制下科研项目绩效影响因素分析框架设计。首先，本章明晰了课题制的相关概念及其内涵，并对科研项目中各利益主体的四类委托代理关系进行了阐析。其次，分析了科研项目中各类利益主体对科研项目绩效的影响机制，并分别从外部利益主体和内部利益主体两个角度进行了分析，提出了其可能影响的途径。最后，本章根据科研项目各类利益主体对科研项目绩效的影响机制，建立了科研项目绩效影响因素分析框架。

第 4 章，科研项目绩效影响因素分析框架实证方法。本章介绍了本书选取的研究对象，并详细介绍了数据收集过程，以及对收集数据样本特征进行了描述，并对研究采用的假设检验方法进行了概括。

第 5 章，科研项目资助、依托单位组织支持与项目绩效关系研究。本章探讨了作为组织层面的科研项目主管机构和依托单位对项目绩效影响的途径。首先，在分析科研项目资助、组织支持和项目绩效的相互关系的基础上，构建了理论模型，并提出了研究假设。其次，采用实证分析方法对研究假设进行了检验，分别对自变量的主效应以及调节变量的调节效应进行检验，给出了研究假设验证情况。最后，根据实证研究结果，分别从理论和实践两个角度对研究结果进行了讨论。

第 6 章，科研项目负责人个体特征、管理控制与项目绩效关系研究。本章探讨了作为个人层面的科研项目负责人对项目绩效影响的途径。首先，在分析科研项目个体特征、管理控制与项目绩效相互关系的基础上构建了理论模型，并提出了研究假设。其次，采用实证分析方法对研究假设进行了检验，分别对自变量的主效应进行检验，给出了研究假设验证情况。最后，根据实证研究结果，分别从理论和实践两个角度对研究结果进行了讨论。

第 7 章，科研项目成员行为整合、即兴创造与项目绩效关系研究。本章探讨了作为团队层面的科研项目成员行为整合、即兴创造对项目绩效影响的途径。首先，在分析科研项目成员行为整合、即兴创造和项目绩效的相互关系的基础上，构建了理论模型，并提出了研究假设。其次，采用实证分析方法对研究假设进行了检验，分别对自变量的主效应以及中介变量的中介效应进行检验，给出了研究假设验证情况。最后，根据实证研究结果，分别从理论和实践两个角度对研究结果进行了讨论。

第 8 章，结论与展望。总结了本书的结论和创新点，并对研究的不足以及未来研究需要进一步探讨的问题进行了说明。

图1-1为本书的结构安排和技术路线。

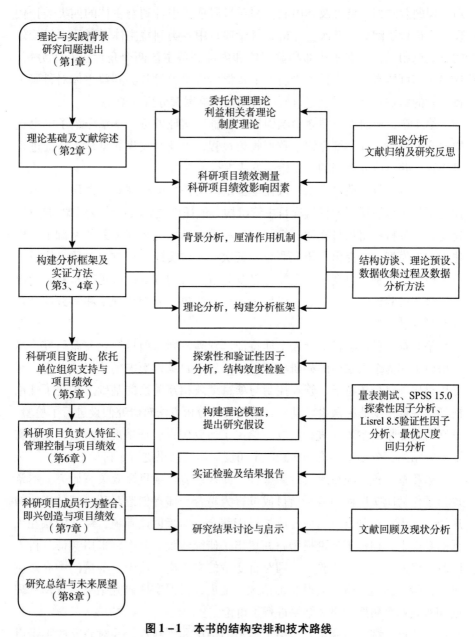

图1-1 本书的结构安排和技术路线

第 2 章

理论基础及文献综述

2.1 理 论 基 础

2.1.1 委托代理理论

委托代理理论是关注于委托者和代理者作用关系的一般理论，其较多存在于雇佣者—受雇者、律师—顾客、买主—买家和其他形式的代理关系之中[49]。委托代理理论（Principal - Agent Theory）的应用非常广泛，涉及包括会计、经济、财政、市场、政治科学、组织行为学和社会学等在内的多个研究领域。委托代理理论的根源可以追溯到 1960～1970 年初，最初是由经济学家探讨个人和组织间的风险分担（Risk - sharing）问题时所产生的，其着重讨论人与人之间的关系以及个人与组织之间的关系[50]。之后，这一观念被后续的学者应用于人与人之间的代理关系，因而发展出委托代理理论[51]。

有学者将委托代理关系定义为委托人（principals）委派工作给代理人（agents），代理人必须完成委托人所交付的工作，委托人和代理人之间的关系称为委托代理关系[50]。伯根、杜塔和沃克认为委托代理关系发生在一方（委托人）倚赖另一方（代理人）为他执行完成工作，而此工作是为了委托人的利益[52]。詹森和麦克林对于委托代理的定义为委托人授权委托代理人，要求其以委托人的最大利益为目标，替委托人服务，并将此关系以契约合同的方式呈现[51]。

委托代理理论以人的自利性为前提假设，认为在委托方和代理方的关系中，常会发生信息不对称（asymmetric information）的情况，这将会导致在自然状态下委托方和代理方的行为目标、利益、风险经常是不一致的，使得代理人未必会按照委托人的利益行事，代理人经常为追求本身效用最大化，不顾及委托人利益的情况发生[51,52]。因此，委托代理问题是建立在委托人与代理人目标异质性与委托人与代理人的信息不对称基础上的。在这样的关系中，委托人会选用一些以代理人的产出为基础的奖励制度以保证代理人能与自己有一致的目标或者用金钱来监督代理人的行为[50]。

委托代理理论的主要任务是探讨在利益冲突和信息不对称的自然环境下，如何设计出最好的管理机制以激励代理人的行为[53]。相关研究发现因为委托人与代理人之间存在目标冲突，所以当委托人的激励机制无法满足代理人的需求时，代理人就不能很好地按照委托人所期望的目标行事，这时就需要透过监督控制机制来约束代理人的自利行为。还有学者研究发现正式的契约合同的制定也有利于改善双方的关系，双方在制定契约与正式的管理规范机制之后，可以有效规避信息不对称问题的产生，而且可以很好地让代理人依照委托人所期望的行动，能有效地减少代理人逃避责任或偷懒等行为发生的概率[52,54]。

在项目管理领域的研究中，委托代理理论被广泛用于解释各种问题，这也显示了委托代理理论的重要性和实用性。马哈尼和莱德勒运用委托代理理论解释了信息管理发展项目高失败率产生的原因，其采用结构化访谈的形式采访了 12 位信息管理项目的管理者对于信息发展项目产出的认识。研究发现信息管理项目失败的原因可以归结 4 个方面：（1）契约合同没有充分地执行结果导向。（2）监管系统是无效的。（3）管理目标冲突、卸责以及信息沟通不充分。（4）组织没有有效地使用任务可编程技术[55]。运用委托代理理论分析了项目责任人和项目管理者之间的合作和交流对于项目绩效的影响关系，该研究发现在中等组织规模的项目管理中，项目管理者如果被充分授权，且与顾客保持较高水平的合作，其项目绩效将处于较高水平[56]。利伯拉托尔和卢奥以信息管理项目为研究对象，选取了 324 个项目为研究样本验证了目标一致性和信任对项目绩效的影响。研究发现建立信任和目标的一致性能都有效地减少技术和需求的不确定性，从而有利于项目绩效的改善。因此，建立顾客和顾问之间良好的关系是提高信任和建立目标一致核心的关键所在[57]。

在科研项目研究领域，委托代理理论近年来才开始逐渐被采用，哈亚西的案例研究发现，在 R&D 项目的管理中，有效地建立大学—企业—政府的互补联合机制可以提升科研项目参与者的合作，从而提升 R&D 项目绩效[58]。赫尔曼等学者基于委托代理理论，运用 1991 年、1994 年、1997 年和 2000 年的面板数据验证了企业治理机制和国际化对 R&D 强度的影响[59]。研究发现总裁总薪酬与 R&D 强度成正相关，因为总裁总薪酬有利于激励总裁对于 R&D 项目投资的承诺。股票投票权和内部人持股呈负相关，因为内部人持股将有可能会激发代理人自身效用的最大化，从而增加反对 R&D 项目投资的概率。周景泰从委托代理理论出发，分析了政府在 R&D 项目投资资源分配和使用过程中的博弈关系，研究发现在现阶段我国 R&D 资源投入的主体仍然由政府来承担，政府在推动 R&D 项目发展方面起到了非常重要的作用[60]。黄宁清运用委托代理理论分析了基础研究科研单位科研项目管理中存在的问题，研究发现委托代理成本高、委托关系模糊、缺乏有效的激励措施是科研项目管理中存在的关键问题，明确委托人和代理人双方的责任，减少委托关系层次是未来可能的解决路径之一[61]。

2.1.2 利益相关者理论

随着有关利益相关者的内涵与影响在企业管理研究领域受到相当多讨论，企业关于利益相关者讨论在学术和实践的管理论文里已经非常的司空见惯，唐纳森和普雷斯顿在梳理有关利益相关者概念的论文时发现，至少有超过 100 篇以上的文献重点讨论利益相关者这一问题[62]。在学术界利益相关者理论的萌芽始于多德，但是其作为一个明确的概念则是伊弋尔·安索夫在他的《公司战略》一书中首次提及[63]。而将利益相关者的概念和理论带入管理研究领域，则应该追溯到弗里曼的研究，弗里曼在其《策略管理：利益相关者的途径》（*Strategic Management：A Stakeholder Approach*）一书中，从利益相关者的角度出发探讨策略管理，并对外部利益相关者和企业组织功能之间的关系进行了分析[64]。除此之外，弗里曼首次明确地给出了利益相关者的概念，他认为"利益相关者是指能够对组织想要达成的目标发生影响的任何群体或个人"。该定义后续得到了学者广泛的接受，也使得其研究在利益相关者研究领域具有标志性的地位[65]。

自弗里曼给出利益相关者的概念后，后续的研究不断地加以发展与拓展。早期的研究关注的核心议题是企业中的利益相关者为何，如何区分主要和次要的利益相关者，这一核心问题在当时的文献中得到了广泛讨论。琼斯根据利益相关者在组织中所处的位置将企业中的利益相关者分为了内部利益相关者（Inside Stakeholder）和外部利益相关者（Outside Stakeholder）。内部利益相关者包括股东、管理者与员工，这些利益相关者能直接使用组织的资源；外部利益相关者包括顾客、提供者、政府、工会和当地社会的一般大众，这些人不能直接使用组织的资源，但是其利益却与组织紧密相关[66]。米切尔等学者从权力、合法性、急迫性三个属性将组织中的利益相关者分为了三个层次七种不同的类别，分别为潜在型利益相关者、自主型利益相关者、静态型利益相关者、苛求型利益相关者、危险型利益相关者、依赖型利益相关者和支配型利益相关者[67]。

在后期讨论利益相关者理论的文献中，更多的学者开始关注于如何管理特定的利益相关者和利益相关者因环境改变如何选择策略等行为层面的议题。弗里曼研究提出了利益相关者用来影响企业的策略类型，其研究发现利益相关者的策略可以分为阻挡策略（Withholding Strategy）和使用策略（Usage Strategy）。前者是指利益相关者以不再持续提供资源给企业迫使企业改变生产经营的做法，后者是指利益相关者虽然持续提供资源给企业，但是其却维持一种危险的关系[68]。罗利和莫尔多瓦努从基于利益的观点（Interest-based）和基于认同的观点（Identity-based）讨论了利益相关者的行为选择[69]。基于利益的角度研究，利益相关者的行为更多的是从自身的利益出发，追求个人利益的最大化，因此利益相关者的行为更多的在于保护或增加其共同利益；基于认同的观点认为利益相关者会觉得有义务去参与所认同的组织的活动，因此为了获得身份的认同，利益相关者会积极参与组织的活动。

现阶段几乎在每一个项目完成的过程中，利益相关者都起到了举足轻重的作用[70]，因此在项目管理的研究领域，学者们越来越重视利益相关者理论的应用。奥兰德和兰丁认识到对项目实施采取消极态度的利益相关者将可能会提高项目的成本以及延长项目完成的时间。因此，他们选取了两个项目做案例研究，使用利益相关者分析图（Stakeholder mapping）识别利益相关者在实际的项目制定过程中的作用和影响。研究发现评估利益相关者的需求和影响将对建设项目的计划、实施和完成起到重要的作用[71]。王晓津和黄晶以中国建设项目监理工程师为研究对象，采取问卷调查的方式收取数据，验证监理如何评估项目的成功以及主要项目利益相关者的绩效与项目成功的关联程度两大问题。实证研究发现监理工程师把和主要利益相关者的"关系"作为项目成功的关键标准之一，而且利益相关者的项目绩效是相互正向影响的，项目所有者对于项目成功起到了决定性作用，而且项目管理者的绩效作为项目问责的唯一标准与项目成功的标准显著相关[48]。

马基林和贾尼塔选取了 42 篇已发表的论文，采用元分析的方法分析了利益相关者理论在项目管理研究中的使用情况。该研究发现在项目管理研究中目前存在的最大问题是未能清晰识别和界定利益相关者的概念，同时建议明确利益相关者在项目管理中的角色是替补这项空缺有效的办法之一[72]。阿尔托宁通过使用利益相关者分析方法发现对于国际项目而言，其面临来自复杂的、不确定的外部利益相关者环境所带来的多样的压力，只有通过建立解释过程才能有利于组织管理团队了解外部利益相关者的需求，该研究构建了识别和描述特色解释模型，识别和分析外部利益相关者的特征[33]。

在 R&D 项目研究中，为了识别利益相关者以及分析利益相关者的利益是否能够更好地促进 R&D 项目的实施，埃利亚斯等学者从方法论的角度系统地分析了 R&D 项目中的利益相关者[46]。他们延续了弗里曼的研究，从有理性（Rational）、过程（Process）和交易性（Transaction）三个方面分析利益相关者的能力对于 R&D 项目的决定作用，并且运用米切尔的方法分析了利益相关者的动态活动。曾德明等学者运用利益相关者理论识别和分析高新技术企业R&D 团队的主要利益相关者和其行为，研究发现团队中激励机制和产权机制的确定有利于改善利益相关者的行为，从而提高 R&D 团队绩效[73]。

2.1.3 制度理论

制度理论（Institutional Theory）是西方学术研究界的热点，占据着西方组织理论研究的主流地位[74]。制度理论研究领域范围宽广，涉及社会学、政治学、经济学、管理学和心理学等不同学科。制度理论的根源可以追溯到 19

世纪初期由马克斯·韦伯所提出的行政官僚制度。韦伯认为科层组织①都预设了组织是一种理性的实体，其目标、运作结构可以免于受人为或非理性因素的影响[75]。制度理论早期代表人物菲利普·塞尔兹尼克延续韦伯的研究，发现组织不是一个封闭的系统，组织的运行是受到外界制度环境的影响和限制的，组织是在不断调整其内部的结构以适应所处制度环境的变化。因此，塞尔兹尼克的几篇重要著作以及其 1947 年对田纳西河流域管理局（Tennessee Valley Authority，TVA）的案例研究，被认为是制度理论早期最重要的研究成果之一，甚至于很多学者都认为制度理论是以菲利普·塞尔兹尼克的研究作为开端的[76]。以菲利普·塞尔兹尼克为首的制度学派开始质疑传统组织理论所主张组织行动是基于工具理性的观点，而逐渐注意到组织内部的行为是受到外部制度环境的影响的，统称为旧制度学派（Old – Institutionalism）。

随后，迈尔和罗文发表了经典文章，研究发现大多数组织变迁都是朝向正式的、科层制组织结构，并非组织效率或是成本效益等工具性的理性思考[77]。采用科层制正式结构未必使组织资源运用更为有效，但是其合法性的增进有利于获得外界的认可和支持。迈尔的研究奠定了制度理论的地位，后续很多制度理论研究均建立在其研究基础之上。迪马乔和鲍威尔研究发现组织行动是基于对工具理性的质疑，而这一质疑来源于有限理性、咨询不对称等问题的作用，组织能否顺利地采用工作理性或是效率理性行动是受环境条件限制[78]，组织生存要迎合、顺从制度环境。在组织制度化过程中将使组织趋向制度环境所容许的组织形态。迈尔、罗文、迪马乔和鲍威尔等学者影响制度理论朝一个更为宽广的层面，探讨组织变迁机制与方向，后续学者称其为新制度学派（New – Institutionalism）与旧制度理论所强调的组织在面对外部环境制度压力时的墨守成规而言，新制度理论更强调在策略选择上的主动反应，认为组织有主动适应外部环境的能力。

新旧制度理论学派的学者们一致认为组织的制度环境对于组织的运作具有显著的影响。制度理论学者们主张在分析和研究组织行为时不仅要考虑组织的技术环境，同时必须考虑组织所处的制度环境，以定义出组织与社会适应（social fitness）相匹配管制的、规范的以及文化认知的特征[79]。组织的

---

① "科层组织"（bureaucracy），又称"官僚政治"，这个术语是行政人员的集合名词，指行政的任务和程序。

制度化是制度理论的关键概念，依据祖克尔对制度化的分类，有两种不同的认知，一是将环境视为制度，即制度是一种共享的规则系统及认知的构架，是社会秩序的特性及状态，制度化表现出重复、规约的模式，并不断以例行化的方式在制造这些模式；第二种认知是组织即为制度，该认知强调制度并非由外在力量造成，制度化组织本身是新组织或行动的制度化来源，即制度是组织自生的，在组织内部茁壮发展[80]。由上述分析可知，科研项目管理制度化来源为第一种认知，其应着重关注外部制度环境对于其影响。因此，在现行课题制下科研项目的管理都应有法律或规范的依据，而非源于其自身。

从制度理论的观点，制度环境之所以对组织产生影响，主要在于制度环境提供了许多法规管制的、道德规范的以及社会文化认知的限制，这些限制形成对组织正当性的要求[81]。制度环境压力会促使组织寻求正当性来获得生存[77]。组织生存发生问题或促使组织变迁的主要原因，是组织的制度正当性发生了危机。当环境改变时会有新的限制和要求，组织为求生存必须对这些限制与要求有所回应，因此组织为了有所回应往往必须改变，进而对组织整体产生影响。制度理论所提出的正当性是此理论对组织研究的重要贡献[82]。迪马乔和鲍威尔指出制度环境透过强制性的、模仿性的以及规范性等制度化机制，促使组织结构趋于同化，借以使得组织取得合法性，从而影响组织的运作与结构[78]。斯科特也提出七种不同的制度环境会对组织产生影响，分别是组织结构的强制输入、权威化、诱因、获得、刻印、统合吸纳和旁路。

当组织面临多元制度环境所加诸的冲突时，组织通常会陷入两难困境，组织为求存活则须对环境做出回应。奥利弗的研究发现，组织是一个行动体，置身在制度环境的脉络中受制度影响同时制度化。当组织面对制度环境压力时，其是有反应上的不同的[83]。奥利弗将可能产生的反应，从消极、被动接受制度规范到积极抗拒或操纵制度约束共分为五种策略反应，分别是顺从（acquiesce）、妥协（compromise）、逃避（avoid）、抗拒（defy）和操纵（manipulate）。组织不同的策略选择可能会带来不同的结果，从而影响组织的发展和绩效。因此，由上述的分析可知，运用制度理论来分析项目绩效影响因素的关键点在于探讨制度环境如何影响项目利益主体的策略选择，从而来适应组织的外部环境，使其取得正当性并维持生存发展的整个影响路径。

2.2　科研项目绩效及其测量研究

2.2.1　科研项目的界定与内涵

项目在当今经济、社会发展中发挥着越来越重要的作用，是组织或部门履行其职能的重要方式。关于项目的定义，尽管不同学者从不同领域、不同视角给出了相关定义，但大致在语义上趋近相同。目前为国内外学者认可的定义是美国项目管理协会（Project Management Institute，PMI）在《项目管理知识体系指南》（Project Management Body of Knowledge，PMBOK）给出的项目定义，即项目是为创造某一独特的产品、服务或完成某一特定的任务所做的一次性努力。梅瑞狄斯和曼特尔指出项目具有许多特征，但最根本特征是项目的一次性、独特性和整体性。[302] 项目一次性是指项目通常是一次性的工作，强调了项目没有完全程序化的过程参照或者按照该项任务的过程去完成另一项任务；项目独特性是指项目要完成的活动（工作）在以前没有开展过，或以前做过但由于条件（环境）的变化需要不同的方法来做，或两种情况同时都有，强调了项目具有高度的不确定性；项目的整体性则是说明项目不是一项孤立的活动，需要一系列活动的有机组合，如人力、物力等资源的投入以及多部门、跨学科的合作，强调了项目的过程性和系统性。

项目的一次性、独特性和整体性最根本特征属于外部特征，而外部特征是其内在属性即项目本身所固有特征的综合反映，这些内在属性包括目标属性、相互依赖属性、生命周期属性、冲突属性等，其中，目标属性强调了项目有明确的目标、明确的起至点或结果，以及受到质量、进度和成本等因素的约束；相互依赖属性强调了项目完成工作与组织同时进行的其他工作或项目相互作用，需要多部门或机构进行充分协作；生命周期属性强调了项目是有起点和终点，都会经历启动、计划、实施、结束和评价五个显著的生命周期阶段；而冲突属性强调了项目成员可能因背景的差异以及资源的争夺，从而引起冲突。上述关于项目的外部和内部特征属性能够把项目和一般工作活动显著区分开，而上述特征难以同时出现在一般项目中，因此不同类型项目在特征方面也存在一些差异，有效甄别项目属性特征是开展研究的重要前提条件。

根据联合国教科文组织对研究与发展（R&D）活动的统一划分，R&D 活动由基础研究、应用研究和试验开发活动等三部分组成，其中，基础研究和应用研究统称为科学研究。在我国把项目引入科学研究领域以后称之为科研项目，而国外则把科研项目纳入研究与发展项目中统称为 R&D 项目，相对来说概念更为广泛，例如，既包括政府财政资助的基础研究项目，也包括企业投资开展的一些基础研究项目和应用项目等，因此无论是在项目经费来源还是项目管理都存在较大的区别。为了使科研项目具有对比性以及统一性，本书所述科研项目主要是指政府财政投资的国家、地方及国防等科学研究规划、计划内的科学研究项目。关于科研项目的定义，国内学者一些学者对科研项目的概念进行了界定，如，郭碧坚认为科研项目是指为探索支配自然界事物运动变化的规律，制订出的详细计划[84]；曹兴认为科研项目是指为探索自然界事物变化的规律，组织一定的人力、物力、财力进行一次性的探索活动，与一般的项目相比，更突出其创造性或创新性[85]；周寄中认为科研项目是有关单位、组织和个人为实现既定的科研目标，在一定的时间、人员和资源的规定条件约束下所开展的一种具有创造性的工作[11]。从上述相关学者给出的科研项目定义来看，尽管不同学者对科研项目定义在表述上存在差异，但普遍反映了科研项目两个方面的内容，一是为实现科研项目目标，科研项目需要时间、人员和资源的条件支持；二是科研项目需要开展创造性或创新性的活动。

科研项目作为项目的一种类型，除了应涵盖项目的一般属性特征外[86]，还有自身的一些特殊的特征。由于科研项目活动的目的是为增加知识总量，以及运用这些知识去创造新的应用而进行的系统的、创造性的活动，其与一般类型项目相比还具有创造性等一些特殊特征属性[87]。具体来看，主要体现在以下四个显著的特征。

第一，科研项目本质属性在于创新性，更多地强调研究成员创造力提升以及创新性成果产生。创造性是一种具有探索性、独创性、新颖性、实践性的活动，科研项目目的在于探索未知，解决尚未解决的问题，寻求解决问题的途径和方法，是一种创新性活动[87]。换言之，科研项目是为了提供一种新的科技知识，这也决定了在项目问题从产生到后续的解决都需要科研人员具有较强创造力，一方面，不仅需要科研人员具有学习和解决问题的技能。另一方面，也需要科研人员能够在项目成员之间的合作、交流等形成对问题具有良好的判断力，能够给出创造性的思路并解决项目中出现的问题，进而保证项目研究成果具有较强的创新性。

第二，科研项目实施过程中应赋予研究人员更多研究决策的自主权，项目负责人需充分发挥作用[85]。科研项目同样遵循项目生命周期的五个阶段，与一般项目五个阶段之间呈现的线性关系不同，科研项目由于研究过程和研究结果的不确定性，从而使五个阶段往往重叠反复，呈现一种非线性关系，因此项目管理方需要提供宽松自由的环境，创造有利于科研人员开展项目研究的宽松氛围。然而科研项目与一般项目类似，都受到时间、经费以及目标等条件约束，并采用契约方式确定了项目负责人的权责利。为此科研项目负责人不仅需要具有较强的业务能力，而且也需要在项目实施过程中充分发挥项目管理者的职能，及时掌握项目的进度以及阶段性成果，以便及时对项目研究进程进行调整和优化，从而保证科研项目能够满足预期目标。

第三，科研项目具有一定的风险性和不确定性，项目进度以及质量都很难把握[87]。科研项目与一般项目一样，受到外部环境变化、项目的难度和复杂度的影响，同时也受到科研人员自身的知识、能力水平有限性的影响，进而导致科研项目实施过程中存在风险性，而这种风险性贯穿于科研项目全过程。相对于一般项目具有清晰计划、过程易控制以及结果可预见，科研项目具有创造性的特殊特征属性决定了其具有更多的不确定性，因此无论是在时间进度、成本预算以及质量都很难把握，加之在执行中存在许多不确定因素，其产生的结果也往往难以预料和不可预见[88]。

第四，科研项目实施中的人员行为和过程难以清晰表述，项目成果难以直接衡量[89]。在科技管理体制改革不断深化以及课题制实施的背景下，项目管理机构也创造了有利于项目实施的宽松环境，给予科研项目负责人更多的自主权，但由于科研项目主要是进行知识创造而非直接进行新产品制造，科研人员知识一方面依赖于原有知识基础，另一方面也需要与项目其他成员以及外部人员进行知识交流、共享，但这些知识创造过程更多地发生在非正式场合的个体之间，因此其创造行为难以清晰表述，更多的是通过阶段性知识以及最终成果加以反映。同时由于科研项目短期成果以及后期产生的经济、社会效益难以直接通过一般经济效益分析、计件法等方法进行测量估算。[6]

2.2.2　科研项目绩效的概念与测量

科研项目绩效的概念。"绩效"即英文中的"Performance"一词，通俗地讲即某特定对象的行为表现。"绩效"是一个普遍的概念，在社会系统中所有的个体与组织都存在绩效，并且以特定方式体现出来（吴建南，2006）。当前不同学者对绩效的理解也不尽相同，主要是难以把绩效定义为结果还是行为方面的争议[303]，一些学者认为绩效是指完成工作的结果[304,305]；而另外一些学者认为绩效不是工作的结果，而是与工作目标一致的行为过程[303,306]；在上述两种观点的基础上，还有学者认为绩效是行为和结果的综合体[307]。上述关于绩效的定义主要是针对个人或组织，由于项目与个人或组织无论是在属性特征还是目标定位等方面存在一些显著的差异，因此项目绩效的定义难以从一般的行为或过程方面进行概述。

随着项目管理、绩效管理等理论与实践的不断发展，项目绩效的定义也在不断地进行变化。尤其是在 20 世纪 60 年代引入项目成功（project success）的概念，这一概念的出现也逐渐演化为项目绩效的另一种表述方式，即项目成功标准[90]，国外学者也在相关研究中以此表述项目绩效[99,308,309]。然而对项目成功的概念，在项目管理文献和项目管理实践者一直没有统一的认识[91]。从已有项目成功的研究文献来看，主要有两种不同的认识，相关学者也在项目研究中进行定义并测量项目绩效。

①从一般项目管理成功角度定义项目成功，并作为项目绩效的定义[92]。项目管理内容最早来源于奥森，其定义项目管理为在时间、成本和质量范围下通过使用工具和技术以及不同的资源完成独一、负责和一次性的任务。以这个定义为标准，人们确定了项目管理成功的标准：时间、成本和质量，也成为"铁三角"（iron triangle）或"金三角"（gold triangele），如图 2 - 1 所示。同时由于时间、成本和质量容易测量，而且处于项目的范围之内[91]，自 20 世纪 50 年代一直延续至今，该标准一直用于描述项目管理成功[93]，如布莱尼、格罗伯森和兹维凯尔、汤姆塞特等在相关研究中都采用时间、成本和质量作为项目管理成功的三个维度，相关学者也把项目管理成功视为项目成功。同时伴随着学者对项目管理成功进一步地深入认识，巴卡里尼和施瓦尔贝等认为项目管理过程质量和项目利益相关者满意也是项目成功的重要维

度[94,95]，并在原有传统的三角基础上进行了扩展，如图 2 - 1 所示，提供了更加完整的项目管理成功视角。帕罗莉亚、古德曼和李伊、刘、陈、陈等学者在相关项目绩效研究中采用了此研究提出的项目绩效测量维度[96,99]。

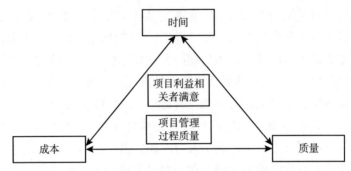

图 2 - 1　传统视角以及扩展的项目管理成功

资料来源：Van Der Westhuizen D, Fitzgerald E. P, Remenyi D. Defining And Measuring Project Success [C]. Academic Conferences Limited, 2005.

②一些研究者认为项目成功相对于项目管理成功有更广的含义，从项目管理成功和项目产品成功两个方面定义一般项目成功，并作为项目绩效的概念。伴随学者对项目管理成功的进一步认识，已经开始注意到项目管理成功主要是考虑项目效率的问题，而没有考虑到项目效果，不能全面反映项目成功[97]。一些学者也在项目管理成功的基础上，重新定义了项目成功，如巴卡里尼提出项目成功包括项目管理成功和项目产品成功，其中，项目管理成功主要是指聚焦于项目管理过程并在时间、成本和质量范围内成功完成项目；而项目产品成功是指项目最终产品的效果[94,95]；库克戴维斯也认为项目管理成功主要从传统的时间、成本和质量三个方面进行绩效测量，项目成功与项目全局目标和长期效应有关[44]；平克顿认为项目管理成功的三个维度时间、成本和质量能够反映项目完成的效率，同时从项目效应的角度认为，如商业不成功也不是项目等[310]。从这些学者的论述来看基本认同项目成功能够由项目管理成功和项目产品成功两个方面反映，而且两个方面是不可避免联系在一起，彼此之间是相互影响的，但影响关系较弱，例如，项目超过了时间或成本被视为项目管理失败，而项目产品成功可视为项目成功。

从上述学者给出项目成功定义来看，相对于项目管理成功或项目产品成功而言具有更广大的含义，而这也逐渐得到学术界的认同。学者也采用项目成功作为描述项目绩效的概念，亨德森和李从项目效率和项目效果两个方面定义项目绩效[98]，在此基础上刘、陈和陈等也采用了该定义描述项目绩效[99]；巴克利和奥塞·布莱森从该视角给出项目绩效的概念，并在信息系统开发项目背景下定义项目绩效是指项目管理成功、项目成功和产品成功的完成情况，具体如图 2 - 2 所示[100]。该定义不仅反映了项目绩效既要体现项目管理成功和产品成功，也要体现利益相关群体对项目管理成功和产品成功的满意程度。

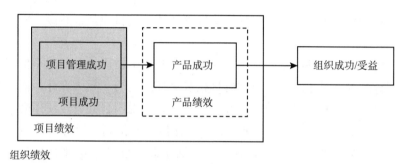

图 2 - 2　项目绩效的构成

资料来源：Barclay C，Osei - Bryson K. M. Project performance development framework：An approach for developing performance criteria & measures for information systems（IS）projects［J］. International Journal of Production Economics，2010，124（1）：272 - 292.

从上述关于一般项目绩效概念论述来看，项目绩效概念应该能反映项目两个方面的内容即效率和效果。科研项目具有项目的一般特征，但由于科研项目是一种创造性活动，其目的是获取新知识，加上科研项目产出具有不确定性以及结果多维的特点[106]，因此一般项目绩效概念难以完全适合描述科研项目绩效。国内学者虽针对科研项目绩效的概念，从不同视角进行了定义，一些学者从科研项目的产出和效率角度进行定义，如李新荣认为科研项目绩效是由"绩"和"效"的合成，即成绩和效率，是项目研究成果的综合反映和体现[13]；王雪珍定义科研项目绩效是指科研项目产生的效益、效率和效果，表示投入与产出的关系[101]；另外一些学者从科研项目产出和效应两个方面定义，如戴贤荣把科研项目绩效定义为科研项目的直接研究成果、培养人才以及项目的后续效益[102]；郭碧坚定义科研项目绩效为在项目实施、过程与结题后该项目取得的成绩与效益[103]。上述学者给出的定义极大地丰富了科研项目概念，但总体上来说科研项目绩效概念还难以得到统一认识。

综上对一般项目绩效的概念以及国内学者给出的相关科研项目绩效概念的分析，根据周寄中给出的科研项目定义[11]，结合科研项目创新性的要求和特征，考虑到科研项目的效应即长期结果和影响难以测量的特点（Smith，2001；Naudet，2007），以及为了便于研究的实施和测量。本书界定科研项目绩效为科研项目在既定的时间、经费约束条件下的完成目标情况以及在创新性方面取得的成效，包括两个维度即项目成功和项目创新。其中项目成功维度主要反映科研项目在时间、成本、质量、利益相关者满意等方面内容，项目创新维度主要是反映科研项目创新性和项目成员创新能力两个方面内容。

科研项目绩效的测量。公众要求说明公共资金使用效益与效率的呼声日益高涨，随着十多年来各国政府的科技政策环境经历了重大变化，面对各国经济竞争的加剧和对科学的巨额投资，公众要求说明公共资金使用效益与效率的呼声日益高涨[104]。科学研究的绩效评估已经得到了世界各国政府和科研管理部门的重视，并在一定程度上开展了此方面的理论研究和实践[105]。科研项目绩效评估是科技管理研究中为学者所广泛关注的领域，一些诸如调查法、专家实地考察法等不同测量方法在理论和实践中得以研究或应用[106]。其中又以同行评议法和文献计量法两种方法在实践中应用最为广泛，但仍然存在一些不足之处，如，同行评议法主要是依据评议专家的感知对科研项目不同的定性维度进行评判，主要依靠专家兴趣、经验和知识进行评议容易产生偏差；文献计量法虽然相对客观，结果准确程度更多地依靠所采用的方法，同时在结果测量维度仅通过论文代表产出而忽视其他方面容易产生偏差[107]。

在科研项目绩效具体测量方法研究方面，已有研究主要体现在政府资助的 R&D 项目（包含科研项目）绩效情况进行的研究，这些研究主要采用客观数据测量法和问卷调查法两种类型方法进行测量。由于客观数据易于收集、观察和计算，采用客观数据测量方法计算科研项目绩效已在研究中逐渐采用。综观以往采用客观数据测量 R&D 项目绩效的相关研究，主要采用的测量方法有层次分析法（The analytic hierarchy process，AHP）[108]、网络层次法（Analytic Network Process，ANP）[109]、模糊语言（Fuzzy Linguistic）[110]以及模糊多重准则决策（fuzzy multi-criteria decision making，Fuzzy MCDM）等方法，上述方法主要是从通过定量科研项目的产出以及影响进而进行测量。这些方法主要集中在输出而不考虑输入的重要性，测量结果难以综合反映科研项目绩效，有些学者认为 DEA 能够处理多输出问题、允许选择输入与输出的最优权重最大化效率等特征[112]，这些特征在科研项目绩效测量方面也呈现优势[113]，并逐渐应用于科研计划/项目绩效评估研究，如李和帕克等采用 DEA 测量并比较分析国家资助的 R&D 计划绩效状况[107]；许和薛采用三阶 DEA 方法测量政府资助的 R&D 项目相对绩效[114]。由于受科研项目性质和学科特点的影响，科研项目在论文发表数量、获奖等由于不同学科间存在较大差异、成果时滞性以及保密难以公开发表等原因，故采用客观数据评价科研项目绩效存在局限性[115]。

采用问卷调查方法即编制相关的李克特量表测量科研项目绩效，通常应用于科研项目绩效影响因素的研究，通过问卷收集作为因变量的科研项目绩效数据。如埃里克·王等通过从信息开发项目完成的时间、质量、成本以及满意程度四个方面进行调查，并作为项目绩效展开研究[116]；鲁格和费勒和索恩通过从产出、结果以及影响三个方面来分析国家资助的 R&D 项目绩效，并编制相应的里克特量表进行问卷调查[117,118]。从这些研究的问卷调查内容来看，虽然在测量项目绩效方面内容各有侧重，但普遍都包括了科研项目产出和效应的相关内容。问卷调查结果虽然能够间接反映测量科研项目的绩效，但其基本前提条件在于调查对象需对项目了解以及主观的价值判断具有较高的正确性。本书针对科研项目绩效影响因素进行分析，主要以主观数据为主辅以相关客观数据进行验证，鉴于客观数据的局限性，为此在后续研究中将采用问卷调查方法来测量科研项目绩效。

围绕科研项目绩效评估内容，学者也展开了一系列的研究，不同学者就项目评估的内容也存在差异，但普遍都认同科研项目绩效评估应服务于多维目标，评估内容应该根据不同利益相关者的目标的需求进行选择[117,119]，科研项目绩效评估目标应该使用不同的维度进行测量[311]。国外从 R&D 项目角度探讨科研项目绩效维度相关研究来看，其测量维度一般由两个或三个维度构成。如雷维利亚等认为传统的 R&D 绩效评估主要采用定量的指标，且包括短期和长期两个维度，短期绩效主要是反映项目主要产出，而长期绩效是无形的，很难进行定量化[120]；乔治乌在回顾欧洲开展的 R&D 项目绩效评估后，提出可以计划产出和效应两个方面进行衡量，其中，效应包括中间产出、最终产出和长期影响，R&D 项目绩效的范围从科学产出，如论文到通过中间产出（如专利和样品），到最终产出（如新和改善的产品、过程或服务）以及结果和经济或社会产生通过作用产生的长期效应[121]；鲁格和费勒指出科研项目绩效包括产出、结果和影响三个维度，产出主要包括论文、专利、算法、模型和样品，结果主要包括项目产品的销售和改善产品、过程，长期影响主要是反映社会目标[117]；许明芳和郑芝雪认为政府资助 R&D 项目输出包括中间输出和最终输出两个维度，中间输出包括发表论文数量和专利储备，最终输出包创新商业化和商业化利润。[114]上述这些学者的关于 R&D 项目绩效评估维度或内容能为本书科研项目绩效测量提供参考。

从前述给出的科研项目类型来看，基础研究是科研项目的主要开展活动之一。为此，国外一些研究者也从基础研究的角度分析了基础研究绩效维度，并以基础研究绩效维度作为基础研究项目绩效的具体表现形式。在基础研究绩效评估中一些学者围绕基础研究的特性，给出了基础研究绩效评估内容和维度。如马丁和欧文认为基础研究绩效应该从科学自身维度、教育维度、技术维度、文化维度四个方面进行评估[122]；阿诺德和巴拉日认为由于基础研究的影响都是间接的以及多维度的，基础研究项目的社会经济影响很难反映，但至少应该包括科学贡献、教育贡献、技术贡献和文化贡献四个维度[123]；萨尔特和马丁从基础研究经济效应的视角认为基础研究绩效应该通过增加知识存量、培养技术人才、提供新仪器设备和方法、建立网络和激励社会交互影响、增加解决科学和技术能力问题、产生新公司六个方面反映[124]；乔丹、海格和莫特从创新的角度认为基础研究项目产出可以通过提高某些科学行为、解决中心问题以及证明新的概念或过程三个方面反应[125]等。这些研究都为基础研究类项目绩效维度的建立提供了依据。

将上述学者对 R&D 项目以及基础研究绩效评估指标进行汇总，如表 2－1 所示。从中可以较为清晰地发现，尽管国外学者对科研项目绩效评估维度各有侧重，但从这些学者提出的测量维度来看，主要是集中于科研项目的产出、结果以及影响三个方面，从测量内容来看主要涉及科学、教育、技术、文化和技术等方面，这些内容主要反映科研项目的产品绩效，而科研项目的管理绩效方面难以得到反映。

表 2 – 1   国外有关科研项目绩效测量维度汇总

研究者	年份	绩效维度
马丁和欧文	1983	科学自身、教育、技术、文化
阿诺德和巴拉日	1998	科学贡献、教育贡献、技术贡献和文化贡献
乔治乌	1999	中间产出（专利、样品）、最终产出（新和改善的产品、过程或服务）和长期影响（经济、社会）
萨尔特和马丁	2001	增加知识存量、培养技术人才、提供新仪器设备和方法、建立网络和激励社会交互影响、增加解决科学和技术能力问题、产生新公司
雷维利亚	2003	短期（有形产出）和长期（无形产出）
鲁格和费勒	2003	产出（论文、专利、算法、模型和样品）、结果（项目产品的销售和改善产品、过程）和影响（社会目标）
乔丹、海格和莫特	2008	提高科学行为、解决中心问题、证明新的概念或过程
许明芳和郑芝雪	2009	中间输出（发表论文数量、专利储备）、最终输出（创新商业化、商业化利润）

类似国外学者针对科研项目绩效测量所展开的大量研究和实践工作，国内理论界和学术界也针对不同类型科研项目展开了大量的理论研究和实践探索工作，而其中又以国家自然科学基金委（National Natural Science Foundation of China，NSFC）开展的理论和实践工作最为深入、影响力最为广泛，其关于科研项目绩效测量相对来说具有更高的认同度。国家自然科学基金委作为我国基础科研项目的主要资助机构之一，其资助经费主要来源中央财政，为更好地向纳税人公示以及接受财政部门考核，NSFC 信息科学部、管理科学部和医学部等部门对其资助项目绩效的测量进行了研究和实践等工作[154,202]。从测量内容来看，管理科学部主要包括报告论著、学术创新、政策建议、效益水平、国际交流和人才培养六个方面；信息科学部主要包括发表论著、课题完成情况及创新、成果推广及效益和人才培养 4 个方面。同样，国内其他一些科研项目主管机构也对科研项目绩效测量开展了实践工作，如，东部某省份科技部门对其资助科技计划项目绩效测量的内容包括项目的合同执行和完成情况、技术水平、知识产权、成果转化与应用和人才培养 5 个方面；中部某省份主要从项目组织、实施、经费使用和实施效果 4 个方面对接受中央

财政资助的科研项目绩效进行测量。虽然不同科研项目管理机构对科研项目绩效测量的侧重点不同，但从上述科研项目管理机构关于测量科研项目绩效内容来看，普遍集中两个方面内容测量，一是关注科研项目任务完成及质量情况；二是关注科研项目研究成果的创新性。

纵观上述几个实践部门针对科研项目绩效测量内容，可以较为清晰地发现当前国内对科研项目绩效测量主要集中在短中期效应，即注重测量科研项目研究取得"质"和"量"（反映为产品绩效）的成果，以及注重测量科研项目实施过程（反映为管理绩效），而关于科研项目长期效应的测量普遍没有考虑，这主要是因为科研项目长期效应主要是反映其对社会的贡献和影响，这种效应的产生需要较长的时间，而且加上科研项目长期效应都是间接的以及多维度的，其长期效应是难以准确反映的[123]。因此，通过测量项目实施过程、短中期效应等方面来反映科研项目绩效已经成为当前科研项目主管机构测量其资助项目绩效的主要趋势。

为此，本书将根据当前科研项目管理机构对科研项目测量的主要内容尤其是吸收和借鉴 NSFC 相关学科部对科研项目绩效测量的内容，通过测量科研项目的短中期效应，同时考虑科研项目的实施过程，即在注重科研项目产品绩效的同时考虑其管理绩效，从而能够更加全面地反映科研项目绩效。在具体测量内容方面，本书主要考虑科研项目作为一种创新性活动，其本质在于创新性[87]，因此将从科研项目创新情况进行反映其产品绩效，主要从科学、教育、技术等方面的创新性加以反映，但由于科研项目结果和影响的不确定性、多指性、无形性及长期性等特征，难以通过定量数据进行有效衡量，以及考虑在缺乏有效保障和监控措施来保证定量数据的质量，主要采用问卷调查的方式收集科研项目绩效相关数据，相关研究也表明通过问卷获取的主观感知数据并不一定比客观数据有更差的信效度。①

---

① 本书提出的科研项目绩效测量内容和方法主要参考国家自然科学基金委相关学科部对其所资助的项目绩效评估所采纳的方法，是当前我国科研项目测量的主要采取方式之一。

2.3 科研项目绩效影响因素研究

2.3.1 一般项目绩效影响因素

美国项目管理协会（Project Management Institute，PMI）在《项目管理知识体系指南》从知识领域角度将项目管理知识体系分为 9 个知识领域，其中 4 个主体领域包括范围管理、时间管理、费用管理、质量管理，以及 5 个辅助性领域包括人力资源管理、沟通管理、风险管理、采购管理以及计划管理，每个知识领域又包含数量不等的管理过程。不同研究者基于不同学科和背景从上述单个或者多个管理过程探讨了项目成功或失败的影响因素，项目绩效影响因素的研究来源项目管理研究者，20 世纪 60 年代开始就尝试寻找影响项目成功或失败的因素，大部分研究主要是聚焦于探讨项目失败的缘由，分析项目失败是由于完成超过预期时间或花费超过成本以及产出没有达到预期的绩效标准[43]。

国外许多学者在不同项目背景下围绕项目成功的影响因素进行了一些研究，但从已有研究来看主要从理论层面进行探讨，缺乏从实证的角度进行验证。例如，马丁认为确定项目目标、组织态度、管理支持、组织授权、项目团队选择、可利用资源、提供控制和信息机制以及计划回顾与检查等是影响项目成功的重要因素[312]；平托和斯莱文认为高层支持、项目目标、项目计划、顾客咨询、项目成员、监督与反馈、沟通、疑难问题解决、项目领导特征以及环境等因素是项目成功的重要因素[91]；乔伊斯和戴安娜从系统模型的角度，提出了项目目标、绩效监测、决策制定、资源、分界线、沟通、环境、持续性和可变性等是项目成功的重要因素[128]。表 2-2 给出了国外一些学者从理论层面分析项目成功的影响因素类型，从表中可以发现项目团队/成员、项目领导、项目所在组织以及项目自身等特征或行为因素在大部分研究中都涉及，由此可以初步推断其为项目成功的关键影响因素之一。

表 2 - 2 　　　　　　　　　国外有关研究者项目成功的影响因素汇总

马丁 (Martin)	贝克和 费希尔 (Baker & Fisher)	平托和 斯莱文 (Pinto & Slevin)	贝拉西和 图克尔 (Belassi & Tukel)	米利斯和 默肯 (Milis & Mercken)[126]	德维尔和 本大卫 (Dvir & Ben - David)[127]	乔伊斯和 戴安娜 (Joyce & Diana)[128]
确定目标	清楚的 目标	高层支持	使用 管理技术	好的选择	必要和迫切 的工作需要	项目目标
组织态度	项目团队 目标一致性	项目目标	控制与监测	项目定义	团队凝聚力	绩效监测
管理支持	专职项目 领导	项目计划	技术初步 评估	项目计划	团队人员 质量	决策制定
组织授权	完成项目 所需资金	顾客咨询	计划	管理参与 和支持	项目定义符 合组织发展	资源
项目团队 选择	合适项目 团队能力	项目成员	项目领导者	项目团队	团队学习 机制	分界线
可利用资源	准确成本 估计	监督与 反馈	项目团队 成员	管理变更	预算和技术 控制	沟通
提供控制和 信息机制	最少的 启动困难	沟通	项目特征	项目资源	业务和技术 要求	环境
计划回顾与 检查	计划和控制 技术	疑难问题 解决	组织特征	关系管理	项目管理者 资格	持续性
	任务	项目领导 特征	可利用资源			可变性
	官僚体制	权利与 政策	外部环境			
		环境				

从已有项目成功或失败因素的相关研究文献来看，大部分研究者都是直接列出一些项目成功或失败的影响因素，有的则是针对某一类项目成功或失败分析得出，缺乏一个系统性框架进行描述，以至于其他研究者或者项目管理者难以进一步寻找影响因素或者评估项目。为此，贝拉西和图克尔提出了项目成功或失败的关键要素框架，期望为项目管理者提供一个更好明晰项目成功因素的工具[43]。在该框架中把项目因素分为四大类：①与项目相关的因

素。项目特征是影响项目绩效的重要组成部分之一，但长期以来在项目相关文献研究中都为人所忽视，这些因素包括项目大小与价值、活动独特性、项目强度、生命周期以及急促性等；②与项目管理者和团队成员相关的因素。在许多研究中与项目领导以及团队成员的特征和技术相关要素，都被视为是成功完成项目重要因素，这些因素包括项目领导的各种能力，如委托授权能力、协调能力、权衡能力、职能履行能力以及技能和信任能力，而项目团队成员相关要素主要反映团队成员内部行为，如沟通技能、解决困难的信任以及静态的技术背景；③与组织相关的因素。这些因素主要是反映组织高层领导、职能部门以及相关人员对项目的支持程度，以及项目组织结构情况；④与外部环境相关联的因素。外部环境因素是反映组织外部相关因素对项目成功或失败的影响，主要包括政治环境、经济环境、社会环境以及外部的竞争者和顾客等对项目产生影响的因素。同时指出这四类因素彼此之间又是相互联系的，其中一类因素能够对另一类因素产生影响，并联合其他因素影响项目成功或失败[43]。上述框架的提出为后续研究者深入研究项目成功或失败影响因素提供了良好基础，也为本书的研究提供了较好的支持（见图 2-3）。

纵观上述从理论层面论述项目成功或失败的研究，研究者的视角主要集中在两个方面，一方面，部分学者主要从项目外部因素探讨对项目成功或失败的影响；另一方面，其他学者则是关注项目内部因素探讨对项目成功或失败的影响。项目外部因素主要是以项目为系统边界之外的环境、社会、政策以及外部组织等因素的影响，而项目内部因素则是反映项目领导、成员、项目本身等因素的影响。在此基础上，一些研究者开展了寻找项目成功或失败影响因素的实证研究，根据其研究内容来看大致也可以划分为上述两个方面。从外部组织相关因素对项目成功或失败的研究，主要集中在项目所在相关组织特征以及组织高层领导行为探讨其对项目的影响。例如，德怀尔和梅勒在75 个澳大利亚制造工厂的 95 个新产品项目研究中，发现工厂组织环境对新产品项目产出有积极影响[129]；艾维斯发现错误地选择项目管理者是项目失败的原因，而且缺乏高层管理者的支持也是项目失败的主要原因[130]；托马斯约翰在此基础上进一步通过实证研究发现如果给予项目团队恰当组织高层领导支持，项目团队能够取得更为满意的绩效，能够促使项目更有效地完成[131]。这些研究都不同程度地说明了组织特征尤其是组织高层支持对项目成功或失败的重要性，也可以视为是影响项目绩效的重要因素。

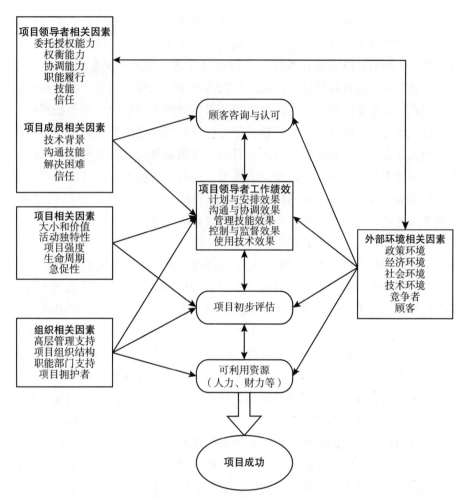

图 2-3　项目成功或失败影响因素分析框架

资料来源：Belassi W, Tukel O. I. A new framework for determining critical success/failure factors in projects [J]. International Journal of Project Management, 1996, 14 (3): 141–151.

从项目内部相关因素探讨项目影响的实证研究来看，研究者主要从项目领导者和项目团队两个视角进行探讨。项目领导者在项目实施过程中主要承担带领项目团队在不超出预算的情况下，准时、高质量地完成项目各项工作，既是项目管理者，又是项目完成的核心关键人物，是项目成功或失败的关键[42]。已有研究主要从项目领导者特征和行为两个方面探讨其对项目成功或失败的影响，例如，鲁宾和西林研究发现项目管理者经验对项目成功或者失败有影响，而项目管理者以前的经验对项目绩效有极小影响，但以前管理项目的大小能够影响项目完成[132]。平托和斯莱文证明了选择具有必要专业和管理技术的项目管理者对项目成功的重要性[133]。麦克多诺以商业科研项目为背景下，从理论上阐述了项目领导者特征，如背景特征、管理项目技术水平等对项目产出的影响[134,135]。而在项目管理者行为对项目实施过程中影响的相关研究，有学者认为项目管理者实施有效的控制机制在项目过程中扮演着至关重要的作用。[99,313]领导管理控制能够指导监督项目团队产出和提升成员行为以促进完成目标，并通过面向 500 名信息系统开发项目管理者和人员发放问卷进行验证，回归结果表明管理控制与项目绩效具有显著性正向关系[136]。

项目团队是为完成特定项目由来自不同组织或部门的成员所组成的团队，在项目实施阶段，项目团队成员特征、相互沟通和信任等是项目成功的关键因素[43]。围绕项目团队相关要素对项目成功或失败的影响研究，有的学者采用案例研究或实证研究方法展开了一些研究。如，斯科特·杨和萨姆森在探讨项目管理的组织背景、项目团队设计、项目团队领导、项目团队过程以及项目产出五个方面对基本建设项目成功的影响研究中，通过研究发现项目团队过程中的成员效能、沟通交流等能够对项目成功产生积极的影响[37]。阿登菲尔德采用案例研究的方法，分析了知识共享与多国合作项目绩效的关系，发现项目成员的知识共享能够提供与多国项目绩效积极的联系[137]。上述研究进一步说明了项目成员的行为过程能够对项目绩效产生影响，是探寻科研项目绩效应该注重的关键因素。

2.3.2 科研项目绩效影响因素

纵观以往国外学者研究，学者直接对科研项目绩效因素的研究比较少，主要是由于国外对科研项目的范围界定不同，有学者称其为基础研究项目，更多学者把其界定在 R&D 项目范围中。为此，本书将着重分析 R&D 项目绩效的影响因素以此来反映已有的关于科研项目绩效影响因素的研究进展。针对 R&D 项目影响因素的研究，有关研究者也采用了相关综合性模型以期发现其关键影响因素，奥贾宁、皮波和图奥米宁在分析相关学者研究的基础上，采用全面质量管理分析对项目评估存在的不足，从理论层面论述了波多里奇国家质量奖标准分析其对 R&D 项目评估的可行性[138]，在此基础之上，佐恩和乔在分析 R&D 项目绩效影响因素时，认为项目投入和环境因素，如资金、项目管理以及外部评价程序等会对项目产生影响，采用波多里奇国家质量奖（MBNQA）标准中的领导力、战略计划、以顾客与市场为中心、信息与分析、人力资源和过程管理方面从组织内部分析其对项目的影响并开展了相关实证研究。

　　研究者也从单个变量或多个变量分析影响 R&D 项目绩效的因素，但总体来看这些前因变量也可以分为项目外部因素与项目内部因素。从项目外部因素来看，德怀尔和梅勒通过对 95 个新产品开发项目研究结果表明，项目所在公司的组织环境对新产品项目产出具有积极影响[129]。许和薛以及佐恩等提出 R&D 项目所在的公司特征能够对项目绩效产生影响，并从实证的角度发现公司的一些特征能够对项目绩效产生影响，如规模、行业等[114,118]。而从组织行为角度研究其对项目产生的影响，其中，组织支持作为组织行为特征的一种体现方式，在 R&D 项目完成过程中显得特别重要，其对项目的影响已被学者所研究，贝卢斯和戈夫罗在研究人力资源管理相关因素对项目成功影响的结果中，表明组织高层领导的支持能够对项目成功产生积极的影响[139]；阿克贡和伯恩等为研究团队压力对新产品开发项目影响，通过调查 96 个新产品开发（New Product Development，NPD）项目，发现在不同程度的组织管理支持程度下团队压力能够对 NPD 项目过程和产出产生影响，也说明了组织管理支持具有调节作用[140]。

　　在 R&D 项目内部影响因素研究中，学者也展开了大量的研究，类似一般项目也主要从项目领导和项目团队两个方面进行研究。在项目领导相关因素研究方面，大部分学者认为选择恰当技术和特点的项目领导对完成项目具有重要作用，贝汀菲儿研究发现很少有学者关注项目领导个性特征也许会影响项目成功的现象，通过对美国国防部开发项目的调查研究发现，项目领导个性特征中的谨慎性和开放性对项目成功有着重要影响[141]；而也有学者认为项目领导在完成项目所发挥的作用很重要，赫斯特和曼根据尤克尔提出的领导作用的四种分类（跨边界、促进、激励、指挥），通过 56 个项目团队的350 个员工调查数据，研究发现领导作用对项目绩效能产生积极影响[142]。控制被视为确保项目顺利实施的重要组成部分，事实上管理控制机制被视为取得项目成功的有效工具[187]，项目领导在项目实施过程发挥的控制作用对项目按照预期的计划和目标完成相当重要。埃里克、王和盛葆诗分析了管理控制如何对项目绩效进行影响，并通过 196 份有效问卷调查来验证，发现管理控制对项目绩效水平显著的影响作用[116]。学者针对信息系统研发项目在研究任务执行能力与项目管理绩效的关系时，发现项目管理者的控制是影响成员研发项目执行能力的重要因素，并通过面向 500 名信息系统项目管理者以及专家发放调查问卷，研究结果表明管理者的控制对研发成员的任务执行能力以及项目管理绩效都会产生积极的影响[136]。

在对项目团队相关要素对 R&D 项目的影响研究中，主要聚焦于项目团队具有何种静态结构以及内部产生什么样的动态行为两个方面。在项目团队静态结构研究方面，戴利在研究团队和任务特征对 R&D 团队合作解决问题以及产出时发现，团队的规模大小对 R&D 产出具有显著的正向影响[143]。里根和祖克曼分析 R&D 项目团队成员任职经历多样化会对项目的产出产生影响[144]；学者在分析团队多样化对软件开发项目绩效的影响时，通过实证研究发现社会分类多样化和知识多样化能够有利于项目产出，而价值的多样化对项目产出呈现负向影响。相对于静态结构研究，项目团队动态行为研究更容易被学者重视，主要集中于团队合作、凝聚力、交流、知识共享、冲突等方面开展研究，阿拉姆和摩根研究了 R&D 项目团队成员之间合作对项目绩效的影响，凯勒研究了 32 个 R&D 项目团队，发现团队凝聚力、身体上的差异、工作满意度和创新导向与项目绩效显著相关联，并且研究也发现团队成员的沟通对项目绩效也存在一定的影响[145]。霍格尔和杰门登发展了一个团队成员合作的综合性概念——团队工作质量，主要包括交流、合作、平衡项目成员的贡献、相互支持、凝聚力、努力六个方面，同时分析了其如何影响项目绩效，通过面向 145 个软件开发项目成员发放问卷，采用结构方程验证研究结果表明项目团队工作质量与项目绩效具有显著性联系[146]；帕罗莉亚、古德曼和李等研究发现信息系统开发项目成员之间的良好协调能够提供知识转移以及帮助团队成员阐明使命和目标，进而有利于项目绩效的提高[147]。

2.4 科研项目绩效研究评述

在当前项目管理的研究热潮方兴未艾，各个领域的组织越来越重视项目管理，而寻找哪些关键因素会引起项目成功或失败，一直是项目管理理论和实践领域最为重要的议题。伴随着学者们对项目成功的研究的深入和拓展，其逐渐为另一种表述方式——项目绩效所代替，并被学者们在研究中逐渐得到使用。因此，可以认为项目绩效影响因素的研究起源于寻找项目成功或失败因素的相关研究，国外学者从 20 世纪 60 年代开始就尝试寻找项目成功或失败的因素，经过 50 多年的发展，其研究对象逐渐从单一项目扩展到不同类型项目，研究内容从简单地列举到系统框架进行描述，研究方法也逐渐从应用规范研究到采用实证研究，从而有效地推动了项目绩效影响因素的研究，为后续研究者奠定了良好的基础。尽管科研项目在概念和范围的界定与我国存在差异，但从国外一些基础研究项目和 R&D 项目绩效研究发展趋势来看，一方面，科研项目绩效评估仍然是国外学者关注的重点，并从多个角度针对绩效评估维度展开了研究；另一方面，是已经逐渐开始采用综合性模型或单个以及多个变量对科研项目绩效进行探讨，并聚焦于科研项目内外部因素开展了相关实证研究，取得了颇为丰硕的研究成果。

20 世纪 90 年代以后，国内公众越来越多地关注公共财政支出的使用状况，对公共财政支出开展绩效评估的呼声也日益增强，国内实践界和理论界对公共财政支出绩效评估展开探索[148]。科技领域作为公共财政支出的重要领域，由于投入的公共财政资金绩效无法得到评价，从而造成了长期以来社会科技投入不高、公众对科技主管单位呈现越来越多的不满[149]。在国家科技部和各地方科技管理部门的领导和推动下，科技绩效评估活动越来越受到科技领域的高度重视，各层次的科技评估活动得以逐步开展，取得了一系列丰富成果[150,151]，其中科研项目绩效问题已引起财政以及项目资助管理部门的重视，并对所资助的科研项目相应地开展了绩效评估活动，如国家"973"计划评估、荷兰政府援助计划的联合评估、基金委管理科学部资助项目后评估等，相关实践者和学者对此进行了介绍和研究，并分别探讨了绩效评估的实施过程与方法[152-155]。

国内学者对科研项目绩效评估研究主要集中在介绍国外科研项目绩效评估相关经验、探讨科研项目绩效评估方法以及科研项目绩效评估内容，寻找科研项目绩效影响因素研究较为鲜见。在国外科研项目绩效评估相关经验介绍以及建议方面，主要是介绍美国、澳大利亚、欧盟以及日本等部分发达国家的国家科研项目绩效评估开展情况，总结其存在的不足，探讨基于我国国情背景下开展科研项目绩效评估的可行性以及完善建议[4,156-158]。在科研项目绩效评估方法研究方面，国内学者也展开了一些研究，探讨了一些定性研究方法，如同行评议[159]以及定量评价方法，如层次模糊综合评价法[160]、证据推理[161]等在科研项目绩效评估中的应用。同时，针对科研项目绩效评估内容，国内学者展开了较为丰富的研究，如李新荣认为科研项目的绩效产出包括论著、成果获奖、人才培养、成果的经济与社会效益等[13]；曾令果、徐辉指出科研项目绩效评估指标应该包括技术、效益效率、需求和资源五类指标[162]；唐炎钊、孙敏霞提出了软科学研究项目评估指标应该包括反映学术价值、社会价值、经济价值、投入产出率等方面内容[163]，张军果、任浩、谢福泉从项目后评价的视角认为科研项目应该从直接产出、经济效益和社会效益三个方面进行评估[164]。由于国内科研项目绩效评估刚刚起步，从国内现有研究来看，虽已有一些学者逐渐开始注重探讨项目成功的影响因素，但从研究对象来看主要是针对公共项目、建筑项目以及企业新产品项目，而较少探讨科研项目的影响因素。

2.5 本章小结

　　本章主要对研究中涉及的理论基础和科研项目绩效相关研究情况进行了总结和分析，首先，对构建科研项目绩效影响因素分析涉及的理论基础进行了分析和介绍，主要对委托代理理论、利益相关者理论和制度理论等理论的发展进行了回溯，并介绍其在项目管理研究中的应用。其次，在对科研项目界定和分析其内涵的基础上，阐析了科研项目绩效的概念以及评估研究状况。再次，梳理了一般项目绩效影响因素的相关研究，并介绍了科研项目绩效影响因素已有的研究情况。最后，对科研项目绩效已有的研究进行了评述。上述关于理论基础和文献综述的研究能为后续研究，尤其是分析框架构建的提出奠定基础。

第 3 章

课题制下科研项目绩效影响因素分析
框架设计

3.1 课题制下科研项目利益主体相互关系分析

3.1.1 课题制概念及内涵

长期以来我国科研管理体制采用苏联模式——计划任务制，计划任务制强调依据计划体制和行政手段来调配和管理科研资源，能够有利于实现一些近期和亟待解决的科技目标，存在诸如效率不高、创新性不强等弊端[165]。改革开放以后，国家科技主管部门与财政部门一直在探索和实施能够适应科研特点以及提高科研经费使用效益的管理机制，如专家管理、基金、合同、招标等管理形式，从而增强了科研过程的公平性和公开性，提高了科研人员的竞争意识，以及优化了科研资源的配置，但总体来说上述各种管理形式没有形成稳定的制度，难以完全发挥效应。在 1985 年科技体制改革以来，课题制作为科研管理模式已在相关部门进行了积极引入和探索，国家于 2001 年 12 月正式颁布了《关于国家科技计划实施课题制管理的规定》，并在中央和地方各类科研资助项目或计划中逐渐得到应用和推广，实现了科研项目管理规范化，提高科研项目研究质量和经费使用效益[166]。

课题制作为一种符合科学技术发展规律、有利于创新产生以及有利于效率提升的科研组织管理程序，已为国际科技领域项目资助和管理中普遍采用的一种有效的研究与开发活动组织形式[165]。一些国家针对课题制给出了相关的定义，如课题制是指通过提供计划、组织、绩效监控和结果评估等以定义和明确项目目标和项目执行的框架；在我国，课题制是指按照公平竞争、择优支持的原则，确立科学研究课题，并以课题（或项目）为中心、以课题组为基本活动单位进行课题组织、管理和研究活动的一种科研管理制度[167]。课题制与传统实施的计划任务制的最大区别在于改变了以往单位为中心，而强调了以课题组为基本单元，同时有关科研管理部门能够通过科学的组织管理、全额预算管理和财务监督等管理方式保障课题制的实施。

课题制对科研项目的立项、实施过程、经费管理、验收与资产、成果管理及监督检查都进行了明确规定。在科研项目立项方面，要求引入评估或评审机制，按照有关规定实行招投标管理，实行课题负责任人负责制，给予课题负责人在计划任务和预算范围内的充分自主权，明确了依托单位与课题负责人之间的关系，规定了课题负责人可根据科研课题实施的需要，允许跨部门、跨单位择优聘用课题组成员。在科研项目实施过程方面，明确了课题研究的层次、管理实施以及相关利益主体的职责；在科研项目经费管理方面，详细地对经费预决算、资助方式、预算调整等进行了规定。在验收、成果管理方面，规定了项目验收的内容如技术成果验收、固定资产验收以及财务决算等，明晰了课题终止程序和知识产权归属。在对课题的监督检查方面，要求了逐步开展绩效考评工作以及责任追究制度。

综上分析来看，课题制具有以下几个方面的基本特征[167,168]：①将传统以单位为中心改成以课题为基本单元进行科研活动。课题制强调了以课题组为科研基本单元，改变了传统科研计划以单位为中心的形式，同时在课题申请过程中部分引入招投标机制，按照招投标方式进行管理。②明确了课题主管部门、依托单位、课题负责人之间的法律关系。课题制实行合同管理，通过签订任务书与经费预算书等规范各方行为及权责关系，在实现课题计划管理与经费管理有机结合的同时，也体现了参与课题的利益主体之间的自主、平等关系和责权利统一的原则。③实行课题责任人负责制。明确了课题责任人既可以是自然人也可以是法人，改变了以往课题负责人只能是法人，从而使课题负责人能够在批准的计划任务和预算范围内享有充分的自主权，同时对课题任务完成需承担法律责任。④细化了经费预算和使用管理制度。将课题经费资助方式分为成本补偿式和全额补助式，通过对课题中期检查、审核的结果进行下一阶段拨款，实现了课题计划管理和经费管理相一致，从而解决了课题经费与课题进度脱节问题。⑤建立了监督健全机制。实行了课题监督制度和责任追究制度，对科研课题从立项到业务管理、经费管理、资产和成果管理等各个环节进行规范，建立了一个完成的监管制度体系。

3.1.2　课题制下的委托代理关系研究

从上述对课题制的内涵分析来看，课题制的实施强调了课题为基本研究单元，从而改变了传统以单位作为基本研究和开发中心的模式，而且进一步明确了科研项目主管部门、依托单位、项目负责人之间的法律关系。课题制体现了参与课题各个利益主体，如科研课题主管机构、相关管理结构、课题组负责人和成员等之间的自主、平等关系和责权利统一的原则，而实行的合同管理，也通过合同协议能够规范各利益主体行为及权责关系。但在具体实施中暴露了一些不足，如科研项目主管机构在项目立项过程中存在只注重申报单位的影响力或者学者的名气[34]；容易淡化科研项目依托单位与科研项目主管机构的联系，以及科研项目负责人不能充分调动依托单位科技资源等[169]；易导致研究者产生急功近利和立竿见影思想，以及难以出现真正的创新成果等。究其原因，有学者认为项目实施过程中存在"逆向选择""道德风险"现象等问题是严重降低科研项目绩效的根源[170]，而这也是由于信息不对称所形成委托代理关系面临的主要问题。

艾森哈特认为委托代理双方是相互独立的个体，双方信息不对称，而且都面临市场的不确定性风险[50]。从课题制内涵特征来看，科研项目主管机构通过任务书与经费预算书或其他形式的契约，将科研资源使用权和控制权有条件地部分转让给依托单位和课题组（课题负责人和组员），委托其组织开展科研活动，从而构成了一种委托代理关系。而且从科研项目知识生产过程来看，科研活动主要是以科研人员智力资本作为关键要素进行投入生产的过程，科研人员智力资本的专业性和复杂性决定了科研项目委托方和代理方之间信息存在非对称性。结合课题制内涵特征来看，课题制涉及的利益主体相互关系适合委托代理分析的条件，故能够采用委托代理理论分析课题制下的科研项目利益主体相互关系。

采用委托代理理论对科研项目管理过程中的利益相关主体关系进行分析，具体如图 3 – 1 所示。

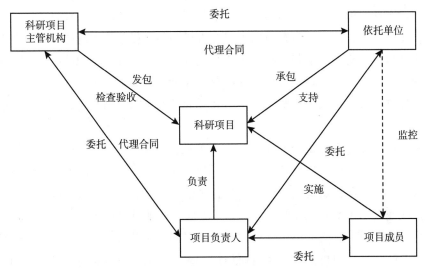

图 3 – 1　课题制下科研项目的利益群体相互关系

从图 3 – 1 科研项目中的各利益主体相互关系可以发现，在课题制中明确了科研项目实施过程的多个利益相关主体，包括科研项目主管机构、依托单位、项目负责人以及项目成员等利益，这些利益主体共同构成了一个复杂的委托代理链。从公共财政角度和公共物品角度分析，科研项目接受公共财政资助以及科研成果属于一种公共物品，全体公民应该视为初始委托人，然而由于全体公民不具有谈判以及签订契约的行为能力，因此本书为了便于研究，选取了科研项目主管机构视为初始委托人。同时可以发现在科研项目委托代理链上，除了最终科研项目成员以外，链条中的局内人都同时扮演委托人和代理人的双重角色[171]，即每个局内人及时其上游的委托人（up-stream prin-cipal）的代理人，又是其下游代理人（down-stream agent）的委托人，例如，依托单位既是科研项目主管机构的代理人，又是项目负责人的委托人；项目负责人既是依托单位的代理人，又是项目成员的委托人等。

科研项目实施过程中涉及的利益主体较多且存在多种委托代理的关系，

本书为了研究将简化讨论科研项目主管机构、依托单位、项目负责人和项目成员这四个利益主体，由于信息不对称形成了不同的委托代理关系。

①科研项目主管机构与依托单位委托代理关系。科研项目主管机构一般要求依托单位提供科研项目所需的场所、条件和环境，并把一些科研项目管理职责委托给依托单位来管理，如经费监管、资产管理以及中期检查等。在项目实施过程，由于信息在科研项目主管机构与依托单位之间的不对称分布，科研项目主管机构不清楚依托单位在项目实施过程中对科研项目支持程度以及管理状况，从而出现了道德风险问题，主要表现在依托单位在获得项目资助不提供条件支持或空头配套、不履行项目管理职责以及对经费管理不到位等[172]。

②科研项目主管机构与项目负责人委托代理关系。科研项目主管机构在项目立项前会跟科研项目负责人明确科研项目研究目标、内容、经费及权利义务等，委托项目负责人来完成科研任务。科研项目主管机构与项目负责人委托代理关系主要表现在两个方面，一方面，在项目立项的委托代理关系中，项目申报书成为科研项目主管机构掌握项目负责人主要途径，难以获得项目负责人已有科研项目信息以及科研信用记录等，故无法了解项目负责人的真实实力，从而降低了科研经费配置效率[173]；另一方面，体现在项目实施过程的委托代理关系，由于科研项目管理机构资助项目类型和数量较多，难以全面掌握某一个项目负责人具体实施项目情况，从而为其提供虚假项目成果信息、夸大研究成果以及拔高科研水平提供了机会，容易导致项目负责人偏向采取机会主义行为[174]。

③依托单位与项目负责人委托代理关系。在科研项目实施活动中，依托单位按照课题制实施要求，把一些课题管理委托给项目负责人管理，如课题仪器设备使用、经费开支以及课题实施安排等。依托单位作为项目管理重要机构，科研项目主管机构不仅期望其履行课题管理职责，监督项目经费使用以及提供经费使用效率，但现实中依托单位主要关心科研经费的多少、资产规模以及声誉等[175]，而项目负责人通过购买固定资产以及支付管理费为依托单位增加了利益，以致依托单位对项目管理松懈，从而侵害了科研项目主管机构的利益。

④项目负责人与项目成员委托代理关系。在科研项目具体操作过程，科研项目负责人一般会将科研任务分解并委派给项目成员，期望其按照事先制

定的项目计划任务开展研究工作，项目负责人则通过相应的管理规定和控制规则，监督和控制项目组成员的操作过程及结果。在此委托代理关系，由于参与科研项目研究人员具有很强的专业知识和独立自主性，加上自身科研兴趣和利益等，投入项目的精力、时间和努力程度存在差异[176]，从而影响了项目成员彼此合作、信息共享等，为机会主义提供了机会。

在上述四类委托代理关系中，反映了各利益主体在科研项目实施中的行为过程，以及作为代理人在信息不对称条件下可能采取的机会主义行为，这些都不可避免的会对科研项目绩效产生影响。虽然已有研究从激励代理人的角度研究如何完善课题制下科研项目的管理，也建议通过合理的激励机制或制度安排设计来规避或减少代理人的机会主义行为，进而提升科研项目绩效[34]，但实现的基本前提条件是能够寻找到各类利益主体对科研项目绩效的影响机制，进而确定影响科研项目绩效的决定因素，从而能够制定更加完善的激励机制或制度安排。

3.2 不同利益主体对科研项目绩效影响机制分析

科研项目是由各种利益相关者之间的委托代理关系所构成的利益共同体。从已有研究来看，国内外学者普遍认为项目利益主体是影响项目成功的重要因素[71,92,314]，从利益主体角度探寻其对科研项目绩效影响，能为改进科研项目绩效提供有效途径，进而为完善相关制度安排提供理论支持。制度理论认为制度的影响是相当大的，制度建立的基本规则支配着所有公共的和私人的行动[177]。课题制作为科研项目管理的一种制度安排，势必会对科研项目中的相关利益主体行为产生影响。同时由于不同利益主体具有不同的效用函数，在对科研项目管理具有不同决策标准，这种决策标准差异也反映了科研项目利益主体之间的利益冲突，而不同的决策标准又决定了科研项目利益主体在科研项目参与过程中的不同行为方式，进而能对科研项目绩效产生不同途径的影响。

本节将对科研项目实施过程中的主要利益主体对科研项目绩效影响机制进行分析，科研项目主要利益主体包括：科研项目主管机构、依托单位、项目负责人和项目成员四类，按照学者提出的利益主体划分标准将项目利益主体分为内部利益主体和外部利益主体两类，其中项目内部利益主体是指项目直接参与的联盟人员，并能够直接使用相关项目资源；项目外部利益主体是指会影响项目或被项目影响但不直接参与项目的联盟人员[33]，且不能直接使用相关项目资源。为此，本章借鉴上述的划分标准，将科研项目利益主体划分为外部利益主体（科研项目主管机构、依托单位）和内部利益主体（科研项目负责人、项目成员）两大类。从科研项目外部利益主体的性质来看，其主要是反映作为科研项目组织层面的利益主体，而科研项目内部利益主体则不仅体现了作为科研项目个人层面的利益主体——通常为项目领导，而且也体现了作为科研项目团队层面的利益主体。下面将分别从上述两类利益主体来探讨不同利益主体对科研项目绩效的影响和途径。

3.2.1　外部利益主体对科研项目绩效的影响机制

（1）科研项目主管机构对科研项目绩效的影响。

科研项目资助作为国家投入财政资源优化配置的关键，是科研项目管理的重要环节，其实施有效性直接决定了国家财政资源使用效率以及科学研究能否可持续发展。随着我国社会、经济、科技的发展，从事科学研究队伍不断扩大，尤其是在科研项目获得情况与申请单位、项目负责人荣誉、利益相联系，科研人员对各类科研项目申请的积极性较以往得以提高。科研项目主管机构作为公共财政的代理人，通过科研合同或其他形式的契约，采用招投标的形式委托科研组织来研究相关科研问题。因此，在当前科研管理体制下，科研项目主管机构是科研项目经费的委托人，而科研项目负责人则是通过提交项目申请书并参加科研项目主管机构组织评审，从而成功获取科研项目经费资助。

科研项目主管机构如何能够有效促进科研项目完成的问题已经受到大量学者的关注。目前研究认为在课题制相关制度安排和约束下，科研项目依托单位和负责人是其真正能否按合约承担各自的责任和履行相应的义务关键所在[18]。然而由于有限责任和信息不对称，依托单位和项目负责人可以通过较少履行或者不履行合同或其他契约应承担的责任以期获得利益，如果依托单位和项目负责人此类行为没有得到有效监管，科研项目主管机构所投入的科研经费难以产生效益。科研项目主管机构由于自身条件所限，难以完全规避上述道德风险问题的发生，主要体现在两个方面，首先，由于科研项目主管机构所资助的项目数量和类型较多，在缺乏完善信息技术条件支撑的情况下，要实现对所有科研项目实施全程监督，需要花费很高的成本。其次，由于科研项目主管机构规模和人员编制所限，难以投入相应的人力资源进行监管。这些不足也为依托单位和项目负责人采取机会主义的动机创造了更好的条件，在这种机会主义的引导下，科研项目绩效难以得到有效提高。

科研项目主管机构整体上期望通过制度安排、监督和检查来改善科研项目负责人和依托单位履行职责不力的现状。从项目整个生命周期来看，科研项目主管机构除了需在项目立项时解决"逆向选择问题"，还需要解决项目实施过程及验收过程的"道德风险问题"。在课题制及相关制度安排下，科研项目主管机构期望通过制定项目计划任务书与项目负责人进一步明晰任务目标，以及适时地对项目进行中期检查和绩效评价来实现项目的过程和结果管理。科研项目主管机构在项目生命周期扮演了多种角色，如卖者、顾问、过滤器、激励者、检查者等[178]，在项目管理相关研究文献也称其为项目资助者，在项目实施过程中的行为主要包括与项目负责人签订计划任务书以确定项目产生收益、监测项目收益实现，以及支持项目管理者履行其职责、监测项目环境变化等，上述这些资助行为在项目相关研究中用项目资助这个概念进行了概念化[179,180]。项目资助反映了项目资助者在项目实施过程中的主要活动，相关研究也表明项目资助者行为能够对项目成功产生影响[181]。科研项目与一般项目尽管在项目目标等方面存在差异，但在项目实施过程也基本采用了上述资助行为以期能够保证科研项目能顺利实施。基于上述分析，本书认为科研项目主管机构项目资助是影响科研项目绩效的决定因素，两者相互关联共同构成了主要的影响途径。

（2）科研项目依托单位对科研项目绩效的影响。

随着科技体制改革不断深入和科技经费投入的不断增大，依托单位对科研项目的重要性越来越被人们所认识，现有科研项目主管机构普遍把依托单位视为科研项目管理体系中一支不可缺少的力量[182]。纵观科研项目全生命周期过程的每个环节，如项目申报、审批，到立项、实施和验收项目等，都离不开依托单位的参与和配合。具体而言，依托单位围绕科研项目需开展诸如项目成员组织、申请材料审查、沟通协调和项目后期管理等多项工作，在科研项目实施过程中扮演着服务者、组织者、协调者和监督者等角色，发挥着组织、管理、沟通、协调和监督检查等作用[87]。从这个意义来讲，没有科研项目依托单位发挥着作用和效能，就难以有效实施科研项目，也难以按时完成或高质量完成科研项目。

根据课题制的规定，依托单位作为法人科研项目责任人，需在科研项目实施过程提供项目任务书或合同中确立的支持条件[167]，这些条件供给一方面与依托单位组织资源拥有程度、规模大小等有关，另一方面与依托单位对科研项目重视程度有关。从现实科研项目管理情况来看，不同依托单位在给予条件支持方面往往存在一些差异，进而影响了其所承担科研项目的完成。综上分析来看，依托单位在科研项目实施过程中不仅要积极参与科研项目申请、组织实施以及检查验收等管理活动，而且要为保证科研项目顺利实施需要提供如科研项目所需的场所、条件和环境等所必要的支持。因此，依托单位在科研项目实施过程中能够作为连接科研项目主管机构和项目负责人的桥梁，承担着上传下达的角色，即在科研项目实施过程承担了委托人和代理人的双重角色。同时，依托单位作为科研项目管理体系的重要组成部分，还发挥着纽带和桥梁的作用，故在科研项目实施过程中依托单位能否合理配置、充分运用科技资源以及协调科研项目实施过程的各种关系，能够对科研项目绩效产生重要影响[87,183]，从这些关系内容和方式来看，更多反映的是依托单位对科研项目支持程度产生的作用和影响。

科研项目依托单位作为外部利益主体，主要反映作为组织层面的相关因素间接地对科研项目绩效产生影响。目前已有学者分别从不同视角论述了项目组织因素对科研项目的影响，普遍认为项目组织因素是影响项目成功的重要因素，如切尼和迪克森和凯勒等分别对组织具有何种特征会影响项目成功展开了研究，发现组织行为特征比技术特征更能促进项目成功[145,184]。组织支持作为组织行为特征主要一种体现方式，已为学者视为是影响项目成功的重要组织因素[130]。组织支持按照方式不同可以分为尊重、利益和工具性支持等不同类型，在现实科研管理体制下依托单位普遍能够在尊重和利益支持方面给予有力支持，而工具性支持即提供信息、资源、工具、设备等支持程度的差异。为此，本书将结合依托单位组织管理作用发挥以及相关工具性支持来反映依托单位的组织支持，进而探讨其对科研项目绩效的影响。

由上可知，科研项目依托单位不仅担负着提供科研项目所需的场所、条件和环境，而且从委托代理关系来看，依托单位作为科研项目主管机构的代理人，也承担着其赋予的对科研项目经费监管、资产管理以及中期检查等责任。上述这些责任主要反映了科研项目依托单位对项目的组织支持程度，而且其组织支持程度是建立在科研项目主管机构已有项目资助行为的基础上，并能够共同对科研项目绩效产生影响。

3.2.2　内部利益主体对科研项目绩效的影响机制

（1）科研项目负责人对科研项目绩效的影响。

科研项目负责人是科研团队的核心，在科研项目全生命周期中起着至关重要的作用。作为科研项目的发起人及最主要实施者，科研项目负责人在项目实施过程中，如研究问题的提出、分析及解决等方面具有充分的自主权，其科研能力、声誉以及行为模式对科研项目按照合同确定的预期目标的执行完成具有重要意义[19]。其中，又以科研项目负责人的科研动机、能力状况是科研项目研究成败最为关键的环节[4]，而科研项目负责人个体特征又能够对其价值观、需求、信仰产生影响，进而间接影响其能力和动机。国外已有研究表明，个人特征对研发项目完成能够产生重要影响，并认为项目成员以及负责人年龄、教育程度以及经历等特征对研发项目完成的效率及成功是至关重要的[134,145,185]。因此，本书认为科研项目负责人个体特征是影响科研项目绩效的根本，科研项目负责人在个人特征方面差异能够引发其在引导、激发项目成员完成科研项目过程的作用不同，并进而能够对科研项目绩效产生影响。

在科研项目实施过程中，科研项目负责人往往采取高员工导向和高生产导向的领导方式，同时由于科研项目是一次性项目，科研团队具有时间限制[315]。因此，为保证科研项目顺利实施以及完成质量，在科研项目实施过程中往往较多采用指导式的领导方式，即项目负责人站在前头指导、激励项目团队成员跟上来[186]。从而要求科研项目负责人不仅应该是学术带头人，能够准确把握项目研究领域的发展方向，而且要善于调动项目团队成员的积极性，具有较强的协调和组织能力。同时项目负责人应该采取一些管理控制手段，以解决项目实施过程中遇到的各种实际问题，为项目实施创造良好的外部环境。因此，项目负责人在整个项目生命周期为确保项目沿着正确研究方向，以及领导项目成员有效完成各项工作而开展的项目管理工作就显得非常重要[12]。

管理控制作为项目管理的重要组成部分，其已经被视为是取得项目成功的有效工具[187]，邦纳和鲁克特认为管理控制能够保证研发项目团队按照既定目标前进从而避免出现的偏差[264]。科研项目负责人作为项目的直接领导人，除了应该准确掌握项目研究内容和计划，还应在项目实施过程中能够利用多种管理手段以及根据相关管理制度，解决项目成员遇到的各种实际问题，尤其是项目资源限定的情况下，需要根据制订的计划实施控制以提高项目资源的使用效率。已有研究表明项目负责人实施有效的控制机制在项目过程中扮演着至关重要的作用。由此可见，科研项目负责人在项目过程实施的管理控制是保证科研项目按照既定的研究计划任务和目标实施的关键，是规避科研项目成员"道德风险问题"采取的主要管理行为，是直接影响科研项目绩效的决定因素。

（2）科研项目成员对科研项目绩效的影响。

随着经济社会以及科学技术的发展，科研项目研究的问题越来越复杂、越来越社会化，科研项目的研究不再是个体研究，而是由一定规模组建团队的集体研究。齐曼认为当今所有的研究工作都是在规模相当大的组织机构中进行的，在许多情况下，研究项目是由一群或一组科研人员共同完成的[188]。可见当前科研成果是由科研项目成员整合人力和物资资本生产而出，是项目成员合作研究的结果，科研项目成员合作研究成为科研活动的主要模式。通过前述对科研项目内涵的分析，发现科研项目与一般企业开发项目相比在目标、参与人员、组织实施、项目产出等方面都存在显著不同，尤其是科研项目主要是以知识生产和创造为目标，这也决定了科研项目在实施过程中更为强调成员沟通合作和知识共享，以及项目成员能够具有更多的创造力，从而能够产生更多创新性成果。

以知识生产和创造为主要工作的科研项目绩效管理过程中，科研人员、管理和环境因素相比技术层面因素对促进项目实施的作用更为明显，加强成员之间的沟通合作和知识共享、激发成员的创造性以及改善外部管理环境，对于促进科研团队成员产出和提高科研项目绩效的作用就显得尤其重要。研究者也分别从任务或社会导向互动过程角度探讨了项目成员互动过程对项目绩效的影响，如阿拉姆和摩根研究了 R&D 项目团队成员之间合作对项目绩效的影响；凯勒研究了团队凝聚力、成员沟通与项目绩效之间的关系[145]；霍格尔和杰门登研究了项目团队工作质量对项目绩效的影响[146]；赫斯特和曼分析了 R&D 项目领导行为、团队成员沟通与项目绩效的关系[142]。在现实中，项目管理机构和领导都已认识到项目成员互动程度是影响团队产出的关键要素，互动过程中的诸如合作、沟通、协调、信息共享等能够对项目绩效产生影响[189]。上述这些分别反映任务和社会导向的互动过程能够用行为整合概念进行描述，不仅描述了团队运作的整体性概念，也反映了团队管理内部关系的能力，共同反映了团队进行相互交流和互动的程度，一些研究者已在相关研究中开始逐渐探讨其产生的效应。为此，本书认为科研项目成员沟通、合作和知识共享等互动过程是影响科研项目绩效的关键要素，而分析行为整合与科研项目绩效关系能够较好反映项目成员互动过程影响的途径。

由于科研项目研究作为一种创新性活动，在方法的选择以及问题解决方面需要灵活、快速、无准备的反应。加上科研项目研究内容的目的在于探索未知，解决尚未解决的问题，寻求解决问题的途径和方法，难以依照既定的项目计划实施，在具体实施过程中往往会产生工作方式与项目计划明显偏离的现象。当前科研项目负责人往往是在现有资源条件约束下，允许并鼓励项目成员采用更有效的方法快速解决问题以完成项目研究目标和内容。克罗森等研究发现传统的自上而下和过细的计划对复杂性项目而言，将阻碍其有效对付不确定性情况，而即兴创造能够产生新颖和有效的解决方法[190]。即兴创造作为强调采用新的方法完成目标的创造性和自发性的过程，研究者已经在项目领域探讨即兴创造的作用。已有研究者认为在复杂项目背景下，尤其是在创新性项目完成过程中由于没有经验参照以及需要灵活、快速和即席的反应，因而即兴创造往往显得更为重要，相关研究也表明了即兴创造对项目完成具有非常重要的作用。根据上述分析可知，科研项目成员即兴创造是影响科研项目绩效的决定因素之一，在分析科研项目成员互动过程对科研项目绩效影响中引入即兴创造能够更好地解释项目成员对科研项目绩效影响的途径。

综合上述，从外部和内部利益主体对科研项目绩效影响的机制分析可知，课题制下科研项目的内外部利益主体在项目实施过程中发挥着不同的作用，且不同层面的利益主体对科研项目绩效的影响途径也存在差异，组织层面的利益主体——科研项目主管机构和依托单位支持分别能够通过项目资助和组织支持产生影响；个人层面的利益主体——项目负责人的特征及管理支持能够产生影响；团队层面的利益主体——项目成员则主要是通过行为整合和即兴创造产生影响。因此，在探寻科研项目绩效影响因素过程中，从科研项目不同层面利益主体相关行为或特征入手，能够为寻找制约科研项目绩效的决定因素以及改进绩效提供有效的途径。

3.3　科研项目绩效影响因素分析框架的建立

在分析科研项目不同利益主体对项目绩效影响的基础上，结合已有对于项目成功或绩效的研究，学者认为项目能否顺利完成主要取决于管理因素而非技术因素[12,38]，此外由这些管理因素组合构成的良好管理环境能够为项目实施创造较好的科研环境并且能够激发成员的创新[12]。一些研究者也开展了实证研究，这些研究主要聚焦于上述管理因素中某类利益主体的单个或多个行为变量研究，以及从项目成员的人口学特征角度进行分析[191]，较少从特定制度安排下将项目涉及的多个利益主体纳入统一框架中研究项目绩效的影响因素。同时，已有关于项目利益主体对项目绩效或成功的研究，主要是利用利益相关者理论来识别项目的利益主体[46]，也即是主要研究各类项目利益主体对项目绩效重要性的影响[48]，而且已有研究主要集中于商业、建筑等其他类型的项目。为此，本书将进一步分析各利益主体与科研项目绩效之间的关系，通过对现实管理问题的观察分析、科研项目研究人员访谈和文献回顾，将基于课题制背景下，从各利益主体相关行为或特征角度探讨其对科研项目绩效的影响。

已有研究表明，项目管理需要平衡不同利益主体的需求和要求，项目实施过程涉及了多个利益主体，他们兴趣和需求能够对项目完成产生重要作用，而不同的兴趣和需求又决定了其在项目实施过程中行为方式的差异[33]。项目资助方在项目实施过程中往往是采用制订项目计划、持续对项目监控和验收项目等以保证项目成功并取得良好效益[181]；项目依托单位更多的是通过相关环境的营造条件、配合资助方对项目管理来支持项目实施；项目负责人往往通过管理、监督项目成员产出和促进其行为以保证项目目标的实现[192]；作为项目的最为直接参与人——项目成员在项目实施过程中的合作、信息共享等互动过程能够直接影响项目顺利完成。目前关于科研项目绩效的研究主要集中于探讨如何对科研项目绩效进行测量,在课题制背景下对科研项目绩效影响因素进行研究有利于更深入理解课题制涉及的相关利益主体彼此之间的关系,以及为改进科研项目绩效水平提供支持。尤其是在当前我国强调提高科技自主创新能力和培养高层次科技人才的背景下,科技资源竞争越来越激烈,科研项目管理日趋完善的形势下,探讨科研项目绩效影响因素及其途径对改善科研项目管理和绩效水平十分重要。

在研究科研项目绩效影响因素之前,首先要对科研项目绩效进行测量。从已有研究科研项目绩效的相关文献来看,主要是从科研项目功能角度作为考虑的出发点,即主要关注科研项目对拓展人类知识边界、增进知识总量的贡献,因此相应的传统科研项目绩效测量主要直接产出进行衡量,有时还会包括直接产出的直接应用的"二级产出"。但由于科研项目成果的不确定性以及产出结果的多维度的特点,从一个狭窄的尺度对科研项目绩效进行测量,易忽视科研项目的其他有益方面[106]。后来,有些学者拓展了科研项目绩效测量的视角,更多的是从科研项目多元化的角度并采用客观数据进行测量。然而由于受科研项目性质和学科特点的影响,科研项目在论文发表数量、获奖等由于不同学科间存在较大差异、成果时滞性以及保密难以公开发表等原因,故此种方法还存在局限性[115]。为此,本书把科研项目绩效划分为项目成功和项目创新两个维度,以更好地反映科研项目既要在满足时间、经费等约束条件下完成目标情况,以及反映科研项目在创新方面取得的成效。同时已有研究表明在反映测量绩效水平时,通过问卷收集的主观感知数据不一定比客观数据会偏高,而且信度和效度都是可信的。因此,本书在测量科研项目绩效是通过面向项目负责人发放调查问卷,获取科研项目成功和创新相关的感知数据以反映科研项目绩效水平。

从科研项目外部利益主体的性质来看,在组织层面的科研项目主管机构和依托单位会对科研项目产生影响,科研项目主管机构在项目实施过程中通过相关资助行为,诸如申请过程中采用同行评议对项目进行筛选;项目审批过程中签订研究计划并下拨研究所需的经费;项目实施过程中定期对项目实施情况进行监控;项目验收过程中制定验收标准并对项目实施情况进行评价等方式对项目进行管理,而依托单位则是在科研项目主管机构的授权下通过提供各种有利于项目研究实施的条件,以及创造宽松的研究环境如给予项目负责人更多控制权、允许项目失败等,从而促使科研项目能够更好地完成研究目标。综合组织层面的两类利益主体行为方式可以发现，在课题制背景下作为外部利益主体的科研项目主管机构和依托单位主要是通过科研项目主管机构的资助行为及其在依托单位支持下的共同作用从而形成对科研项目影响的途径。

作为科研项目内部利益主体之一的科研项目负责人，既是科研项目的发起者，又是科研项目实施过程中决策的制定者和执行者，其认知基础、价值观以及科研能力是影响科研项目完成的关键因素，而科研项目负责人个体特征，如年龄、经历、教育背景等，则是形成其认知基础、价值观以及科研能力提升的重要因素。国外已有研究表明，研发项目成员个人特征对研发项目完成能够产生重要影响。同时在项目实施过程科研项目负责人必须在项目目标明确前提下，清晰地列出项目总体目标和工作范围、分解工作任务、制定质量标准和预算以及进度计划等，以便更有效提高项目资源使用效率和实现项目目标与个人目标相匹配，因此为确保项目成员按照正确的研究方向开展项目研究而实施的管理控制就显得非常重要。基于上述分析，可以发现科研项目负责人个体特征差异及其采取管理控制方式是个人层面影响科研项目绩效的主要途径。

科研项目成员作为科研项目的另一内部利益主体，往往是由项目负责人挑选的来自不同背景、不同领域的研究人员组成，其科研目标任务相对来说较为明确，为能够在规定的时间、经费等资源约束下完成科研项目目标，需要项目成员之间能及时地互通有无、共享资源，及时地解决项目实施过程中出现的问题，以及及时地协调团队成员之间的任务进度。在上述资源约束下，科研项目无论是在研究内容还是在研究方法等方面都难以完全在事先得到明晰，不能依靠和应用常规做法，在方法选择以及问题解决方面都需要灵活、快速、无准备地反应，需要项目成员能够更加快速、灵活的反应以便有效解决项目中遇到各种问题。基于上述分析，可以发现项目成员在项目实施过程相互之间的合作、信息交换等互动过程以及即兴创造的应用是团队层面影响科研项目绩效的主要途径。

本书研究目的旨在探讨课题制背景下，分析科研项目各利益主体在项目实施过程的行为方式或特征对科研项目绩效的影响。为此，提出了课题制下科研项目绩效影响因素分析框架，如图3-2所示，从该分析框架可以发现科研项目绩效受到多层次因素影响的特点，但在课题制下各利益主体责权利以及相互关系较为清晰，而且在项目实施过程中对科研项目的作用发挥也较为明确。作为科研项目管理体系的重要组成部分——项目主管机构和依托单位对科研项目绩效有直接的影响，并且能够通过相互共同作用影响项目绩效，同时还能通过项目资助影响项目负责人及项目成员的行为对项目绩效产生影响，但由于项目主管机构和依托单位是作为外部利益主体，并不直接参与科研项目的实施，其主要是间接地影响项目负责人及项目成员行为。在科研主管机构项目资助和依托单位的组织支持下，能够通过评审制度甄选出适合承担科研项目的负责人，同时还可能影响项目负责人和项目成员行为，但并不会产生直接影响。

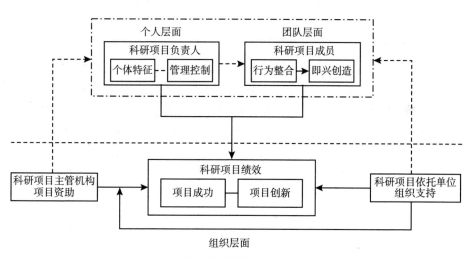

图 3 - 2　科研项目绩效影响因素分析框架

相较于科研项目主管机构和依托单位，项目负责人虽然是科研项目的直接负责人和参与人，其个人特征是科研项目评审专家和管理机构视为其能够承担完成科研项目的主要依据，但在当前科研项目竞争环境下以及职称晋升压力下，科研项目负责人往往由于时间和精力等限制难以全职完全投入科研项目实施过程。在现行科研项目管理体制下，其往往是在给予项目成员充分自主权的同时，采用管理控制对科研项目项目成员行为进行监控，以期能够促进项目成员按照既定目标完成项目，提高科研项目的效率，而较少对项目团队成员互动过程过多的干预，也不会对团队层面的项目成员行为过程和即兴创造产生明显的影响。因此，组织、个人和团队层面相关利益主体因素虽然能够分别对科研项目绩效产生影响，但彼此之间并不会产生较为直接和明显的影响，其具体影响途径以及如何影响还有待于后续进行深入分析和采用实证方法进行验证。

3.4　本章小结

　　本章结合课题制背景，探讨了课题制下科研项目各利益主体对科研项目影响机制，提出了科研项目绩效影响因素分析框架。首先，明晰了课题制的相关概念及其内涵，并对课题制下各利益主体的四类委托代理关系进行了阐析，分析课题制下委托代理关系中存在的机会主义行为；其次，分析了科研项目各类利益主体对科研项目绩效的影响机制，并分别从外部利益主体和内部利益主体两个角度进行了分析，分别针对不同利益主体对科研项目绩效的影响提出了其影响途径；最后，根据科研项目各类利益主体对科研项目绩效的影响机制，建立了科研项目绩效影响因素分析框架。

第 4 章

科研项目绩效影响因素分析框架实证方法

4.1　数据收集情况

4.1.1　调研对象

本书的研究对象是科研项目，在分析科研项目利益主体相关行为变量，如项目资助、组织支持、管理控制、行为整合和即兴创造对科研项目绩效的影响同时，也考察项目负责人个体特征对科研项目绩效的影响。因此本书的研究不仅需要开展问卷调查获取相关感知数据，而且需要通过项目成员相关的客观数据。由于不同类型的科研项目在管理模式、实施过程等方面存在差异，对科研项目绩效影响途径方面也存在一定差异，难以进行对比分析，故研究结论不能够具有普遍的代表性。因此，本书侧重考虑选取的样本即科研项目应该具有可比性的前提下，应选取具有同类型的科研项目作为分析对象较为合适。

本书选取样本的科研项目全部来源于国家自然科学基金委（NSFC）信息科学学部资助的面上项目，面上项目主要是资助以自由探索为主的科学研究工作，科研人员可以在信息科学学部面上项目资助范围内自由选择研究题目进行研究，项目经费资助强度从每项几万元到几十万元不等，研究期限一般为 3 年。研究采用整群抽样以及对整群中的小群体进行简单随机抽样的方法来选取研究样本。并且根据研究需要通过收集了自 NSFC 信息科学学部成立以来 9519 项面上项目（截至 2008 年 12 月）的基本数据，包括项目的基本情况（如项目所属学科领域、资助规模、研究周期等）、项目负责人的基本情况（如性别、年龄、职称等）两个方面的内容。考虑到自 2001 年起 NSFC 建立科学基金网络信息系统（Internet-based Science Information System，ISIS）系统以及信息科学学部开始对其所属资助项目开展后评估验收活动，最后选取了 2001～2008 年已结题项目共 3055 项面上项目作为分析对象。

4.1.2　问卷设计

本书研究测量变量的量表主要来源于 2009 年"国家自然科学基金面上项目资助与管理绩效评估调查问卷"，该问卷有两部分组成：指导语、综合问卷。其中，综合问卷包括面上项目定位与战略目标、面上项目资助、面上项目管理与组织实施、面上项目实施效果与影响、项目组内部行为因素及绩效感知、项目组外部制度因素感知以及相关建议七部分内容。书中使用的变量测量量表来源于面上项目管理与组织实施、项目组内部行为因素及绩效感知和项目组外部制度因素感知三部分内容中的测量问题，主要包括项目资助、组织支持、管理控制、行为整合、即兴创造和项目绩效量表。这些测量量表设计的主要目的是测量项目负责人对 NSFC 项目资助、依托单位组织支持的感知、对自身管理控制的感知、对项目成员行为整合和即兴创造的体会以及对科研项目绩效水平的感知。

在问卷设计的前期准备阶段，笔者对研究中所涉及的变量相关文献进行全面搜索和回顾，考虑本书的理论构建以及研究对象的具体情况，选择的多数量表为西方学者研究中广泛采用的经典量表。为了避免由于文化、语言、习惯等差异影响原测量量表的确切含义，采用了对译的方式对量表进行翻译。问卷的翻译过程具体包含以下几个步骤：首先，由一名精通中英文语言的管理学研究者从英文翻译为中文，再由中文回译为英文，同样的工作再由另一位管理学研究者重复进行；其次，笔者与两位研究者共同校验两个译稿的差别，并左后相应的修改和完善；最后，形成能够正确反映经典量表测量意图的中文量表。

为了更好地对现有量表进行补充和完善，使测量问题表述更为准确、精炼，符合我国文化及现实情境的特征，笔者还邀请了部分研究者（包括导师、同学和其他相关领域研究者）、管理实践者（包括 NSFC 工作人员、依托单位项目管理者）以及调研对象（西安交通大学获得信息学部资助的研究者）进行小规模的访谈。根据访谈的结果以及访谈者的建议，笔者对编制的测量量表进行了进一步修改，同时针对部分没有成熟测量工具的变量，以访谈资料为基础进一步编制了初始量表。同时对本书涉及的核心变量进行了小样本前测分析，面向西安交通大学承担过科研项目的研究人员发放前测问卷 85 份，回收问卷 63 份，通过分析对原有量表进一步筛选测量问题，验证了测量量表的信度与效度，以及发现测量问题的缺点并加以完善。

4.1.3　调研样本与过程

本书的抽样样本来源于 NSFC 信息科学学部自 2001～2008 年已结题的 3055 项面上项目，由于本书不仅要考察科研项目主管机构项目资助、依托单位组织支持，而且还要考察项目成员行为整合与即兴创造、项目负责人管理控制以及项目绩效的水平，所以要对科研项目运作和管理的基本情况进行调查。为了使调研对象填写的问卷具有代表性，本书选取了面上项目负责人作为调研对象，主要是考虑到项目负责人具有项目运作和成员更多的相关知识，而且之所以选择项目负责人，是因为相对于项目其他研究成员而言，项目负责人更能全面理解项目的建设目标、了解所有成员的行为方式和项目实施的全过程、能够提供更加准确和客观的数据[140]，同时考虑到科研项目团队多为一次性团队，项目完成后难以获得其他成员的信息。

信息科学学部面上项目资助经费来源于公共财政，项目的组织与管理符合科研项目的一般特征，如科研人员的自由组合、强调知识的创新、产出主要以论文、专著、人才培养为主等，其资助领域包括电子学与信息系统、计算机科学、自动化科学、半导体科学以及光学与电子学五大领域。在具体资助的学科方面按照学科代码又进一步细分，信息科学部的二级申请代码为 45 个，三级申请代码 354 个，基本上覆盖了信息领域所属的学科。信息科学部面上项目实施 30 年以来，除西藏、青海两个自治区外，其他 29 个省（区市，不包含港澳台地区）都有一定数量的项目分布。从地域来看，东、中、西部都有分布，但主要集中在东部地区，相对而言中、西部地区分布的数量不多，主要原因是东部地区较西部地区在信息科学领域的产业发展优势明显，研究力量及规模相对雄厚，具备良好的硬件和软件条件，也拥有一定研究基础；从项目负责人所属单位来看，涉及教育部、中科院、公、交、农和国防等不同部门，458个科研院所、大学和企业作为项目依托单位参与面上项目的实施和管理。

从研究样本具体来看，研究样本来自信息科学学部五个申请领域，包括电子学与信息系统、计算机科学、自动化科学、半导体科学、光学与电子学，分别占据了总体抽样样本的30%、23%、21.5%、9.9%和15.6%，项目规模5万~10万元、10万~20万元、20万元以上的比例分别为14.3%、19.4%和66.3%，项目研究周期1年、2年、3年和4年所占的比例分别为14.1%、0.6%、84.9%和0.4%，具体如表4-1所示。

表4-1　　　　　　　　　　调研项目的基本信息

类型	类别	项数	所占百分比（%）
学科领域	电子学与信息系统	915	30.0
	计算机科学	703	23.0
	自动化科学	658	21.5
	半导体科学	301	9.9
	光学与电子学	478	15.6
	总计：	3055	100.0
项目规模	5万~10万元	436	14.3
	10万~20万元	593	19.4
	20万元以上	2026	66.3
	总计：	3055	100.0
研究周期	1年	432	14.1
	2年	17	0.6
	3年	2595	84.9
	4年	11	0.4
	总计	3055	100.0

　　为保证整体调查问卷填写的质量，调查于 2009 年 7 月在国家自然科学基金委计划局和信息中心的配合下，通过电子邮件的方式群发给上述承担项目的项目负责人，确保了项目负责人都能够收到调查问卷。同时为了进一步告知项目负责人所有的调研结果将仅用于科学研究，问卷中设计个人姓名信息，调研数据完全保密。由于时间和空间所限，少部分调查问卷采取多次电子邮件的方式发送。问卷于 2009 年 9 月回收完毕，在回收所有问卷后首先进行了废卷的处理工作，对于那些未完整作答的、回答问题明显敷衍了事地填写核心变量的问卷进行了剔除。此外，由于本书还要对调查问卷与项目成员多样化数据建立对应关系，对那些没有完全对应的问卷进行了舍弃，最终得到664 份有效问卷，在此基础上进行了数据的录入与复核工作。

　　从与项目负责人相对应的 664 项面上项目具体分布来看，研究样本来自包括电子学与信息系统、计算机科学、自动化科学、半导体科学、光学与电子学，分别占据了总体抽样样本的31.9%、21.5%、21.7%、8.7% 和 16.1%，项目规模 5 万 ~ 10 万元、10 万 ~ 20 万元、20 万元以上的比例分别为 16.4%、30.3%和53.3%，项目研究周期 1 年、2 年、3 年和 4 年所占的比例分别为 16.1%、0.8%、82.8% 和 0.3%。具体如表 4 - 2 所示，最终研究样本与调研项目分布情况基本保持一致，说明这些项目基本能够反映总体样本情况。

表 4 - 2　　　　　　　　　　**最终研究样本的基本信息**

类型	类别	项数	所占百分比（%）
学科领域	电子学与信息系统	212	31.9
	计算机科学	143	21.5
	自动化科学	144	21.7
	半导体科学	58	8.7
	光学与电子学	107	16.1
	总计：	3055	100.0
项目规模	5 万 ~ 10 万元	109	16.4
	10 万 ~ 20 万元	201	30.3
	20 万元以上	354	53.3
	总计	664	100.0

续表

类型	类别	项数	所占百分比（%）
	1 年	107	16.1
	2 年	5	0.8
研究周期	3 年	550	82.8
	4 年	2	0.3
	总计：	664	100.0

4.1.4　调研获取数据的基本特征

为了保证问卷具有较好的信效度，本书在正式问卷发放之前，进行了问卷的小样本试测。在正式问卷发放的过程，为了提高问卷的回收率和有效问卷的比例，正式问卷发放过程汲取了小样本问卷发放的经验与教训，共面向3055 项项目负责人发放了正式问卷，回收问卷854 分，回收率27.9%。有效反映本书核心变量测量量表的问卷，664 份，有效问卷率为77.8%。被调查者的基本信息情况，如表4 – 3 所示。

表4 – 3　　　　　　　　有效被调查者的基本信息表

类型	类别	人数（人）	所占百分比（%）
	1 = 男	580	87.3
性别	2 = 女	84	12.7
	总计：	664	100.0
	1 = 30 岁以下	0	0
	2 = 31 ~ 40 岁	35	5.3
年龄	3 = 41 ~ 50 岁	356	53.6
	4 = 51 ~ 60 岁	128	19.3
	5 = 61 岁以上	145	21.8
	总计	664	100.0

续表

类型	类别	人数（人）	所占百分比（%）
职称	1 = 讲师（助理研究员）	9	1.4
	2 = 副教授（副研究员）	209	31.5
	3 = 教授（研究员）	446	67.2
	总计	664	100.0
学历	1 = 本科以下	49	7.4
	2 = 本科	52	7.8
	3 = 硕士	100	15.1
	4 = 博士	463	69.7
	总计	664	100.0

从调研对象基本数据描述性统计结果可看出：①从调研对象的性别来看，男性项目负责人占据了较大比例，达到了 87.3%，基本符合科学基金面上项目的实际情况；②从调研对象的年龄分布来看，该学部面上项目负责人年龄跨度较大，研究人员的年龄普遍超过了 40 岁，从而也进一步说明能够获取科学基金面上项目的资助需要经过长期相关方面的知识、技术等经验的积累；③从调研对象的学历水平来看，项目负责人的教育水平大部分都具有博士学历，占据了 69.7%，说明调研对象具有较高文化水平；④从调研对象的学术职称来看，其中具有教授职称的项目负责人达到了 67.2%，副教授职称也占据了 31.5%，两者相加超过了 98%，说明调研对象绝大部分人都具有高级职称。

4.2 假设验证方法

研究中采用的数据处理与分析方法分为两类：一类是对客观数据的分析，主要采用的处理和分析方法有科研项目负责人个体特征，其计算主要是通过 EXCEL2007 分析完成；另一类主要是对调查问卷获取的数据分析，主要包括：描述性分析、信度分析、验证性因素分析、相关分析、方差分析以及回归。其中信度分析、方差分析、相关分析和多元回归分析等采用 SPSS15.0 分析完成，验证因素分析采用 Lisrel 8.5 软件分析完成。本书也将主要介绍问卷数据的处理和分析方法。

研究采用 SPSS15.0、Lisrel 8.5 等数理统计软件对收集的样本数据进行计算和统计分析。具体分析的过程为：首先，采用 EXCEL2007 对从 NSFC 项目数据库和互联网中获得的项目负责人个体特征计算；其次，采用信度分析和验证性因素分析来验证所回收问卷数据的信度和建构效度等，验证数据的信效度；再次，对各变量进行描述统计分析和变量及维度之间的相关分析，并对变量进行显著性检验，分析在不同的学科领域，相关核心变量是否存在显著性差异；最后，采用最优尺度回归方法，分别验证相关变量对科研项目绩效的影响。

4.2.1　描述性分析

研究中通过应用描述性分析的统计方法来描述研究中涉及的控制变量和研究所使用的核心变量基本情况，主要通过计算相关数据平均值、标准差、方差、平均误差等对各变量进行对比描述。首先，对项目负责人、依托单位和项目基本特征变量（项目规模、学科领域、项目负责人性别、职称、学历）等，进行变量的次数分配及百分比分析，了解其数据的基本分布情形。其次，对研究中涉及的核心变量进行统计分析，计算其平均值、标准差，了解其分布情况。

4.2.2　信度分析

本书的科研项目绩效、项目资助和组织支持量表均采用该领域经过有效性验证以及被许多研究学者所常用的问卷，而且对这些量表的题项进行了多次严格的正译和反译，尽量保证翻译的严谨和准确。对根据研究需求开发的量表在编制前征求了项目管理机构的意见，吸收了其完善建议，并进行了小样本试测。只有在测量变量信度和效度得到保证的前提下，探讨变量之间的关系以及得到结论和判断才有意义。虽然前期采用了一些方式在一定程度上保证了量表的有效性，但是否适用于科研项目情境尤其是国外开发的量表，能否被 NSFC 面上项目负责人充分理解并准确回答，这些还需要进一步通过问卷的信度和效度做出检验来证明。研究中采用 SPSS15.0 对所有测量变量量表进行信度分析，采用 Lisrel 8.5 软件对测量变量的效度结构进行验证性因素分析。

信度用于衡量工具的正确性与精确性，它反映出研究数据的稳定性与一致性。一个量表的信度越高代表量表的稳定性也越高[193]。本书采用 Likert 量表法最常用的信度检验方法——内部一致性系数（Cronbach's α）和 CITC 检验来衡量同一构面下各题目间的一致性。根据目前学者的观点，各项数据的内部一致性系数在 0.7 以上表示数据是可以接受的[316]。此外，也有学者指出内部一致性系数介于 0.70~0.98 间表示数据具有高信度值。目前大家普遍接受的看法是内部一致性系数介于 0.6~0.65 之间的数据最好不要采用，介于 0.66~0.7 之间数据时勉强接受的，介于 0.7~0.8 之间的数据比较好，介于 0.8~0.9 之间的数据则非常好[194]，总的来说，内部一致性系数越接近于 1 越好。鉴于学者一致认为 0.7 可作为接受的高新度标准，本书也选取 0.70 作为 Cronbach's α 参考值。为此，本书把 0.7 作为内部一致性系数分析可接受的阈值，同时考察测量量表题项总体相关系数（CITC），CITC 值越高，表明该题项的鉴别力越高，一般认为该值应该在 0.3 以上较好。

4.2.3 因素分析

因子分析（Factor Analysis）是对多元统计分析的一种重要方法，主要目的是缩减研究变量。通过对诸多变量的相关性研究，可以用假想的少数几个变量来表示原来变量的主要信息[195]。因子分析最初是英国心理学家斯皮尔曼提出的。1904 年他在美国心理学刊物上发表了第一篇关于因子分析研究的文章，自此之后因素分析研究逐步得到重视、完善和发展。[197] 20 世纪 50 年代以来，由于计算机的发展，因素分析在心理学、社会学、经济学、管理学、医学、地质学、气象学等领域中得到广泛应用。

因子分析的主要作用包括：①寻求研究变量的基本结构（Summarization）。在多元统计分析中，我们经常会遇到诸多变量之间存在强相关的问题，这会对研究者的进一步分析带来许多麻烦，例如，回归分析中的多重共线性的问题。通过因子分析，我们可以找出较少的几个有实际意义的因子，通过较少的新变量反映出原来数据的基本机构。②对数据化简（Data Reduction）。通过因子分析，我们可以用所探索得到的少数几个因子来替代原来研究中界定的变量，并进一步开展回归分析、判别分析等研究。因子分析的数学模型是：

$$
\begin{cases}
x_1 = a_{11}f_1 + a_{12}f_2 + \cdots + a_{1m}f_m + e_1 \\
\cdots\cdots \\
x_k = a_{k1}f_1 + a_{k2}f_2 + \cdots + a_{km}f_m + e_k
\end{cases}
\tag{4-1}
$$

其中，x_k 代表研究指标，f_m 代表公共因子，彼此两两正交。e_k 代表特殊因子，只对相应的 x_k 发生作用。矩阵 a_{km} 代表负载矩阵。因子分析研究的核心是找出一组指标（变量）的公共因子来取代原有各个指标。因子分析也可以成为因素分析，包括探索性因素分析和验证性因素分析两类不同的研究。

本书利用 Lisrel 8.5 对问卷中涉及的变量进行验证性因素分析，还对单个维度的信度、变量整体的结构信度以及一个变量若干维度之间的区分效度进行验证。一般情况下，收敛效度能够通过前边提取的平均方差（average variance extracted，AVE）来反映，表示潜变量相对于测量误差而言所能解释的方差总量，通常 AVE 要求大于或等于 0.5[196]，从而表示潜变量具备了足够的收敛效度。同时潜变量的区分效度也可以通过彼此之间的 AVE 均方根和相关系数的比较得出，也就是说如果两个潜变量之间的相关系数小于变量之间的均方根，说明两个潜变量之间具有较好的区分效度[196]。

本书还采用确定性因子分析对测量模型的适配性进行验证，主要通过多种拟合指数来评判模型的适配性。有些学者将拟合指数分成三大类：分别成为绝对指数（absolute index or stand-alone index），相对指数（realtive index）以及简约指数（parsimony index）。常用的绝对拟合指数包括了卡方值（χ^2）、拟合度指数（goodness-of-fit index，GFI）、调整后拟合度指数（adjusted goodness-of-fit index，AGFI）、拟合残差（root mean square residual，RMR）、近似误差的均方根（root mean square error of approximation，RMSEA），常用的相对拟合指数包括了规范拟合指数（normed fit index，NFI）、相对拟合指数（non-normed fit index，NNFI）、比较拟合指数（comparative fit index，CFI）。

本书采用的适配度检验指标体系及相关建议的判断值，如表 4-4 所示。

表 4 – 4 适配度检验指标及其判断值

指标	取值范围	建议值
χ^2/df	>0	>10 不理想 <5（可接受）<3（很合理）
RMSEA	>0	<0.05
NNFI	0 – 1	>0.9
CFI	0 – 1	>0.9
AGFI	0 – 1	>0.9
IFI	0 – 1	>0.9

4.2.4 相关分析

相关分析是指衡量变量之间线性关系程度的强弱并用适当的统计指标表示的过程。相关分析常用的方法是 Pearson 相关分析，是通过计算两个或两个以上相关的定距变量之间的相关系数进行分析[197]。需要说明的是Pearson 相关系数反映的是变量之间的简单线性相关关系，变量之间的相关系数可以直接根据观察值计算，是积距相关系数，但需要指出的是 Pearson相关系数不是度量非线性关系的有效工具，而是度量定距变量之间的简单线性相关关系。

Pearson 相关系数能够反映两个变量联系的紧密程度，相关系数取值在 $-1 \leqslant \gamma \leqslant +1$，如果相关系数 γ 取值为正，两个变量的相随变动方向则相同，如果相关系数值为负，两个变量的相随变动方向则相反。具体的相关系数取值界定如下：当 $\gamma = 0$ 时，表示不存在线性相关关系；当 $0.3 \leqslant |\gamma| \leqslant 0.5$ 时，表示微弱相关；当 $0.5 \leqslant |\gamma| \leqslant 0.8$ 时，为低度相关；当 $0.8 \leqslant |\gamma| \leqslant 1$ 时，为高度相关；当 $|\gamma| = 1$ 时为完全线性相关。

4.2.5 统计分析

（1）最优尺度回归方法。

采用 SPSS 进行一般线性回归分析时，要求因变量为数值型，因此往往要求自变量的测量方式是等距的。然而在现实问题分析中获取大量数据都为分类资料，例如，项目规模在调查问卷中被设计为大、中、小三类，如果将其编码为3、2、1，并直接作为自变量纳入回归模型进行分析，则实际上是假设者三类之间的差距是完全相等，因此可能会导致错误的分析结论。同时如果自变量是无序多分类变量（如学科领域），不同学科领域之间根本不存在数量上的高低之分，所以不能给出一个单独的回归系数估计值来衡量该类变量每上升一个单位因变量的数量变化趋势，而常采用的哑变量分析方法比较麻烦，对分析者的统计知识也要求更高，故在现实分析中很难实现。

由于需要探讨一些控制变量，如项目规模、学科领域、项目负责人职称等对项目绩效产生的影响。为此，本书将采用最优尺度回归分析（Optimal scaling regression analysis）。最优尺度回归专门用于解决在统计模型的建立时如何对分类变量进行量化的问题。基本思路是根据希望按照拟合的回归模型，分析各级别自变量对因变量影响的强弱变化情况，在保证变换后所有变量间的关系成为线性的前提下，采用非线性方法进行反复迭代，从而为原始分类变量间的每一个类别找到最佳的量化评分，随后在相应的回归模型中使用量化评分代替原始变量进行后续综合分析，如对无序多分类分析、有序多分类变量和连续性变量同时进行回归[317]。

（2）调节效应的分析与检验。

参照国内外常用的统计分析方法，本书检验主效用主要采用最优尺度回归的方法。在研究中，笔者将严格按照巴龙和肯尼提出的步骤采用多级最优尺度回归的方法对调节效应进行检验。

对于调节效应也就是相互作用模型的检验，一般采取两个步骤：第一步，首先验证自变量（X）和因变量（Y）直接显著的相关关系是否存在；如果存在某种直接显著的相关关系，则进行第二步验证，即自变量（X）和调节变量（M）相乘以后构成一个新的变量（D）和因变量（Y）之间直接显著的相关关系是否存在，如果这种关系存在，则说明调节效应（交互作用模型）成立。其中需要注意的是，在计算交互作用前，需要对交互变量进行标准化处理（见图4-1）。

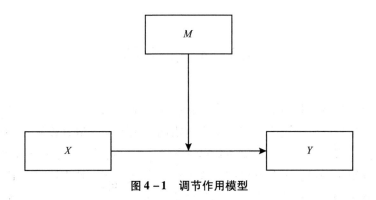

图 4 - 1　调节作用模型

（3）中介效应的分析与检验。

考虑自变量（X）对因变量（Y）的影响时，变量（M）是中介变量。[318]中介效应的检验方法可以具体描述为：第一步，验证自变量（X）和因变量（Y）直接显著的相关关系是否存在；如果存在直接显著的相关关系；则进行第二步，即验证中介变量（M）和自变量（X）以及中介变量（M）和（Y）直接显著的相关关系是否存在；如果相关关系存在直接显著，则进行第三步，即中介变量（M）加入前面的回归方程中，如果中介变量（M）加入回归方程后，自变量（X）和因变量（Y）的相关关系直接显著性没有或显著性减弱了，则说明自变量（X）也可以通过中介变量（M）影响因变量（Y），从而说明中介效应成立（见图 4 - 2）。

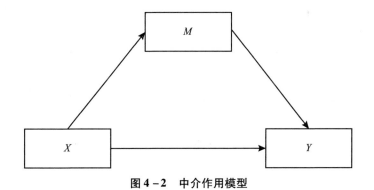

图 4 - 2　中介作用模型

4.3 本章小结

　　本章对科研项目绩效影响因素分析框架实证方法进行了介绍。详细地介绍了科研项目绩效影响因素实证研究所需的相关数据获取过程和采用的假设验证方法，首先，对调研对象的基本情况进行了分析并设计了相关调研问卷；其次，介绍了调研样本和调研的实施过程以及调研获取数据的基本特征；最后，对将采用的统计分析方法，如信效度分析方法、相关分析、最优尺度分析、调节效应和中介效应模型等进行了介绍。

| 第 5 章 |

科研项目资助、依托单位组织支持
与项目绩效关系研究

5.1 研 究 目 标

在第 3 章构建科研项目绩效影响因素分析框架中已经指出，作为组织层面的利益主体——科研项目主管机构和依托单位能够对科研项目绩效产生影响，而其中科研项目主管机构项目资助和依托单位组织支持是影响科研项目绩效的决定因素。纵观我国科研项目管理情况，虽然各类科研项目主管机构无论是在科研项目资助规模和资助项目，还是在资助与管理方式方面都存在一些差异，但总体来看都较为重视其所资助科研项目的绩效问题，而实施绩效评估又往往是其采用的主要方式。绩效评估作为科研项目管理的一种有效管理手段，往往期望其能够发挥优化科技资源分配、调整资助强度和学科布局、提高科研项目管理水平与管理效率、评价科研项目资助与管理有关政策成功得失等[7,198]。为此当前我国科研项目主管机构针对其所资助项目开展了一些绩效评估实践工作，国内也有学者针对如何对科研项目开展绩效评估进行了一些探索性研究工作[199-203]，从而为推动科研项目主管机构开展绩效评估奠定了基础。但从目前国内外关于科研项目绩效的理论研究和实践情况来看，主要侧重于如何设计科研项目绩效评估指标体系的研究，相对而言寻找科研项目绩效影响因素及改进途径的研究较为匮乏。

自 2002 年《关于国家科研计划实施课题制管理的规定》颁布实施以来，以课题制为中心的流动性项目成员构成的团队成为科研项目科研活动中最基本的活动单元。以科研项目成员作为系统边界，科研项目成员主要承担和实施科研项目具体研究任务，其内部管理活动主要反映为影响项目绩效的个人和团队层面相关因素，而作为科研项目团队系统边界之外的科研项目主管机构、依托单位与科研项目相关的行为活动，更多的是作为组织层面因素对科研项目绩效进行影响。从相关文献研究内容来看，围绕项目个人和团队层面相关影响因素，如项目领导特征和领导行为、项目团队结构、项目成员的沟通与合作等角度对项目绩效影响的理论分析和实证研究较多[37,43]。虽然国外学者已在理论层面分析认为项目资助、组织支持等组织层面的相关因素能够对项目绩效产生影响[181,204]，但相关实证研究较为鲜见。通过分析搜索返现，国外文献仅有大卫布赖德以英国服务和商业部门项目为研究对象，分析并验证项目资助对项目成功产生的影响[181]。而国内学者则是通过问卷调查发现科研项目主管机构开展的中期检查、验收方法、同行评议等活动能够对其所资助的科研项目绩效产生影响[103]。综上文献分析来看，已有研究从组织层面因素，如项目资助、组织支持等角度探讨对项目绩效影响的研究较少，有待于后续研究在理论以及方法上进一步拓展和深化。

为此，本书聚焦于我国科研项目实施背景下，从科研项目组织层面的两个影响因素——科研项目资助和依托单位组织支持，寻找组织层面因素影响科研项目绩效的可能途径。首先，本章将从理论上分析科研项目资助、组织支持和项目绩效彼此之间关系；其次，采用实证研究方法，以 NSFC 信息科学学部资助的面上项目作为研究对象，验证科研项目资助、依托单位组织支持如何影响项目绩效及其途径；最后，对研究结果进行讨论，并根据实证研究的结论提供建议，以期为后续从科研项目主管机构和依托单位改善科研项目管理和提高科研项目绩效提供理论参考。

5.2 研究假设

5.2.1 项目资助

（1）项目资助（Project Sponsorship）定义及内容。

资助起源于希腊单词"Horigia"，"Horigia"来源于单词"horos"（即舞蹈之意）和"ago"（即指挥之意），字面意思为指挥舞蹈，但是真是含义为资助舞蹈和比赛/戏剧（Else，1965）。自 20 世纪 60 年代中期，资助已经被广泛应用于商业领域并为大家所熟知[205]，并且也逐渐引起体育、艺术、公共管理以及项目管理领域学者的注意和兴趣[206]。学者们从不同视角围绕资助给出了诸多定义，因此不同领域甚至相同领域的学者对资助的定义也存在一定的差异。在商业领域，资助的定义也不尽相同，如阿斯托斯和比茨定义资助是公司为一个实体，如个人、组织或团队提供一些财政支持的沟通和交流的组成部分[319]；米纳汉定义资助为商业组织为实现商业目标而提供支持财政或友好的活动支持[205]；康韦尔、威克斯和罗伊定义资助为通过提供现金或者酬金给例如体育、娱乐或非营利组织以便有机会获取潜在的商业回报等[320]。在公共管理领域，资助被分为广义和狭义资助两种，其中广义资助是指中央政府为了公共利益通过地方政府、职能部门或其他事业性单位转移资金、财产、服务以及其他有价物的形式对其予以支持和促进；狭义资助是指单位或部门仅以提供资金、财产及其他有价物的形式对受资助者的工作予以支持，但不实质性参与其受资助的工作[207]。纵观上述商业和公共管理领域学者从不同角度给出的资助定义来看，尽管这些定义存在差异，但都普遍认同资助是用于完成多样化目标的多维沟通工具。

随着资助研究的不断深入和扩展，项目管理领域的学者也开始逐渐关注和重视项目资助的相关研究[208]。项目资助者是承担并实施项目资助相关活动的核心者，因此界定项目资助者定义及内涵是明晰项目资助活动内容的重要前提。项目资助者的概念首次在 1980 年末期出现，并被视为是项目管理者的"老板"[209]。国外研究者和项目管理机构对项目资助者理解的视角也不尽相同，如 PMBOK 手册定义项目资助者是内部或外部组织用现金或者实物方式为项目提供经费的个人或者团体[210]；英国项目管理协会（Association for Project Management，APM）定义项目资助者是项目风险偏好和利益受益的个人或团体等。尽管学者和项目主管机构对项目资助者定义上存在一些差异，但纵观其定义普遍赞同项目资助者是负责为项目提供资源的人或团体的观点，同时也认同项目资助者具有两个主要特征，一是风险偏好者，二是资源提供者[209,211,212]。在实践或理论研究中常用代理人来描述项目资助者，因此用个人或团体来代替项目委托者已经成众多研究的发展趋势[213]。项目资助者在项目生命周期扮演不同角色：卖者、教练和顾问、过滤器、激励者、谈判者、保护者以及与上层管理联系者等角色。项目资助者在项目实施过程的积极参与对项目具有重大影响，项目资助者往往通过制定项目使命、目标和约束；授权项目团队成员开始执行；沟通项目使命的重要性；根据需求帮助明晰项目团队使命和目标；支持项目计划等方式参与项目[178]。根据上述对项目管理者在项目实施过程中的角色和行为方式，大卫布赖德定义项目资助为项目资助者开展的与项目承担者就项目预期目标达成一致、明确项目应产出效益、给出判断项目是否取得成功标准以及持续监控项目环境变化等资助活动[181]。

　　已有一些研究者认为项目资助包括工作授权、签署合同、资助项目以及决定下一阶段继续与否等内容，其中资助项目是项目资助的关键作用。项目资助是在项目生命周期过程中的一种活动，尽管项目资助者在项目实施过程中采取的活动也许不同，但所有资助者都有共同点，包括义务、奉献和承诺[178]。不同学者对项目资助内容构成方面认识也不尽一致，如罗丝认为项目资助由治理和支持两个维度构成，其中，治理维度包括管理项目、关注现实收益、制定方案和决策、修订关键过程、管理内外界面以及有资格代表项目团队等内容；支持维度包括具有可靠性、利用网络能力、提供领导、效益和及时支持等内容[208]；大卫布赖德根据项目资助活动的特征，把这些项目资助活动分为外部聚集资助活动（从顾客关注角度）和内部聚焦资助活动（从项目支持/拥护角度）两种类型，外部聚焦资助活动主要是反映项目早期的一些活动，如确定项目产生收益、监测项目收益实现等；内部聚焦资助活动主要是反映诸如支持项目管理者履行其职责、监测项目环境变化等活动[191]。尽管不同学者对项目资助内容认识存在差异，但从中我们也可以发现一些共同反映的内容，如目标合同制定、支持项目实施、关注项目效益等，这些为本书探讨科研项目资助内容提供了基础。

本书在课题制背景下探讨科研项目主管机构项目资助对科研项目绩效的影响，因此相对于商业项目等其他项目而言，科研项目资助在已有制度安排下无论是在内容还是在范围方面都进行了相关规定和约束。其中，项目资助范围主要约束在项目计划任务制定、实施过程和结果验收三个方面，而项目资助内容方面则主要包括项目计划制定过程项目资助者的相关活动、项目实施过程中对项目的监控活动以及项目完成后对项目的检查验收活动等内容。根据上述分析，科研项目资助内容基本与国外学者认为项目资助内容相一致，为此本书将采用大卫布赖德对项目资助维度的划分，分别从外部聚焦和内部聚焦资助活动两个维度对其内容进行衡量[181]。

（2）项目资助的效应。

项目实践者和学者已经开始注意并正在研究项目资助对项目成功的影响，并视其为项目的关键成功因素之一。虽然前期许多关于项目管理的文献都强调项目资助者能够支持项目实施成功[204,214]，然而很少有文献专门展开针对性研究，最早开始探讨项目资助者在项目管理中扮演的作用始于 2006 年美国项目管理协会（Project Management Institute，PMI）发起的资助研究。在此之前，一些学者关于项目资助对项目的影响主要从项目资助构成部分——管理支持开展研究，并验证了管理支持是完成项目目标的关键要素[321]。然而也有研究表明项目资助者的活动不一定能够有利于项目产出，例如，项目资助者每时每刻干涉项目管理能够导致部分项目管理者情感受挫或者失去信心，因此不能实现项目所有潜在目标，所以不能明白项目资助者在项目管理中的角色会导致降低项目的产出。从上述研究结果来看，当前关于项目资助对项目绩效的影响学者还难以得到一致的结论，主要是一方面已有研究主要采用规范性研究，相关的实证研究较为缺乏[215]；另一方面是缺乏在相同背景下考虑项目资助对项目产出的影响[216]。

国外学者对项目资助与项目绩效影响的实证研究较为鲜见，已有相关研究主要是在商业项目背景下进行探讨。如大卫布赖德以英国服务和商业部门项目为研究对象，面向英国 238 名从业人员调查项目资助者活动对项目成功的影响[181]，首先，采用探索性因素分析建立一个多层面的项目资助活动分类框架，该框架包括项目资助者作为委托人和项目的界面以及项目资助者提供普通支持和拥护项目的活动，其次，采用逐步回归方法验证并发现项目活动者活动对项目成功具有显著性影响[181]；刘力发展了项目资助对项目绩效产生影响的可能条件模型，提出了项目资助对项目绩效能够产生积极影响，同时在管理优先权和风险下探讨两者之间的关系，通过面向在澳大利亚项目管理协会注册且曾在商业单位承担过项目管理者收集数据的过程中，发现项目资助对产品绩效有显著的影响[216]。尽管上述两个相关研究在项目资助测量方面采用了不同的测量方式，但研究结果都表明了项目资助能够对项目绩效产生积极的影响。

5.2.2 组织支持

（1）组织支持的定义及内容。

20 世纪 80 年代中期，基于社会交换理论、酬报原则的相关思想，美国社会心理学家艾森贝格尔提出了组织支持理论（Organizational Support Theory，OST），该理论的提出克服了以往组织研究中只强调员工对组织的承诺，而较少关注组织对员工承诺的不足。在此之后，艾森贝格尔进一步提出了组织支持感（Perceived Organizational Support，POS）的概念，主要反映员工对组织给予其支持的看法，后续的研究者也相继给出相关的概念，但这些概念都是建立在组织支持这一概念的基础上。学者们围绕组织支持给出了很多种定义，相关的表述包括：组织支持是组织如何重视自己所做出的贡献以及关心他们的利益的程度[217]；组织支持是组织创造一种支持、信任以及有利于绩效的帮助氛围的程度[218]；组织支持是指组织重视和欣赏他们的贡献和关心他们福利的程度；组织支持是指组织创造一种对绩效有力的支持、信任和有益的氛围[140]。其中格尔巴德和卡尔梅利的定义更为精准地描述了在项目管理背景下组织支持的含义，他们定义组织支持是指组织和其管理者重视项目和提供相关支持以保证项目成功的程度[219]。

从以上相关定义来看，组织支持强调了组织对项目成员的关心和重视，以及物质和精神方面的支持，如资源、认同及关怀等，进而使项目成员在工作中付出更多的努力以展现其对组织的承诺。因此，从这个层面来看组织支持程度对整个项目团队成员心理和行为状况都会产生影响，进而影响其承担项目完成情况。另外，在开展一些不确定性条件以及创新需求比较强的项目，就决定了项目实施过程必然会碰到诸多难以解决的问题，这些问题的解决不仅需要项目成员具有较强解决问题和创新能力，同时也需要组织对项目成员给予物质和精神层面的支持。因此可以说，组织支持是保证项目顺利完成的一个重要因素，有利于实现项目绩效目标。

在组织支持具体反映内容方面，艾森贝格尔和亨廷顿等在分析组织支持时认为组织支持包括尊重支持和利益支持两个方面[217]，其中，尊重支持是指组织是否重视员工的贡献；利益支持是指组织是否关注员工福利。在此基础之上，麦克米林在通过对服务人员进行研究补充了组织支持的相关内容，认为组织支持还包括工具性支持（如信息、资源、工具、设备及培训，等等）。如果组织成员缺少工作所需的基本工具性支持，其工作质量与工作进程都不可避免受到不利影响[220]。由于本书聚焦于科研项目背景下考虑依托单位对项目完成的支持，科研项目无论从申请还是实施过程中，依托单位在尊重和利益方面普遍能够提供支持，但是当需要提供更多的资源或者设备支持时，其支持程度往往存在较大差异。因此在具体组织支持内容方面主要是从工具性支持角度考虑依托单位对科研项目给予的支持。

（2）组织支持的效应。

学者们在组织支持可能产生的效应相关研究方面，已经发现组织支持能够对员工的工作满意度[217,322]、程序公正[323]等产生影响，但这些研究主要是针对个人层面，较少考虑具体背景下的因素以及团队层面的情况。在现有研究中已有学者研究组织支持对项目团队的影响，主要是从高层领导支持角度开展，因为高层领导作为组织的代言人，通常承担着向项目成员传达组织目标和价值观的责任以及评价成员绩效并反馈给其本人的作用。因此，项目成员往往会把高层领导对待他们的一种好的或是不好的倾向看作是组织支持的信号。一些学者也从理论和实证角度进行了研究，如约翰认为如果给予项目团队恰当的支持，项目团队能够取得更为满意的绩效，也能够促使项目更有效地完成，并从组织高层管理者的视角进行讨论组织支持对项目的影响，研究认为组织支持利于项目管理应该从定期检查项目团队绩效的频率、通过项目领导者周期性检查项目团队成员的绩效、建立项目的优先权以及有计划的控制项目进程等方面进行支持[131]；贝卢斯和高夫罗在研究人力资源管理相关因素对项目成功影响的结果中，表明组织高层领导支持能够对项目成功产生积极的影响[139]。

关于组织支持与项目绩效或产出的关系，学者们也在不同项目背景下进行了探索，发现组织支持能够对项目绩效或产出产生影响，但从其采用的研究设计来看，大部分认为组织支持主要是在其中发挥了调节的作用。如阿克贡、伯恩和林恩在研究团队压力对新产品开发项目的项目和过程产出的影响时，认为组织管理支持能够调节团队压力与项目产出，并选取了 96 款新产品开发项目作为实证分析对象，研究结果表明在更高程度的组织管理支持下，团队压力能够更加积极影响科研项目产出；而在低程度的组织管理支持下，团队压力对项目产出没有统计上的显著意义，从而说明了组织管理支持能够作为调节变量影响项目产出[140]。格尔巴德和卡尔梅利从团队动态性和组织支持交互效果分析对项目成功的影响，通过面向 191 位信息通信技术（Information and Communications Technology，ICT）项目管理者进行实证研究，发现团队动态性与组织支持的交互能够明显的与项目的预算、功能和时间绩效相关联，也就说明了组织支持能够有效调节团队动态性与项目绩效的关系[219]。这些研究一方面说明了组织支持在项目实施过程中是能够对项目绩效产生影响的；另一方面也说明了组织支持对项目绩效的影响主要是通过干扰其他一些变量与项目绩效的关系而产生影响。

5.2.3　科研项目资助、依托单位组织支持与项目绩效关系

传统观念认为项目资助者主要负责对项目财政方面控制[221]，而当前项目资助者期望其作用能够得到进一步强化，即逐渐期望在项目实施过程中发挥更多实际作用，以能够更好地反映委托组织的需求[222]。项目成功是由项目资助者与项目承担者共同有效配合取得，萨姆汉认为项目承担者应该在项目资助者的支持下使用所有被认可的关键技术，尤其是在复杂、技术导向和竞争的环境下，管理、领导和个人技能等必须与好的专业技术有机结合才能发挥效应[223]；布里尔顿和坦普尔认为项目资助者在项目实施过程既要能为项目提供专业技术，又要能通过有效地管理相关议题以影响项目，并采用实证研究方法发现项目资助方能力水平能够对项目成功产生显著影响[224]；大卫布赖德在通过问卷调查方法提出并验证项目资助的多维概念之后，验证了项目资助对项目成功的影响，研究结果表明了项目资助的内外部资助活动对项目成功都会产生影响[181]。

从委托代理视角来看，科研项目管理者不仅是科研项目主管机构的代理人，也是项目管理的委托人，科研项目管理者基本能够间接反映整体科研项目主管机构项目资助活动，也说明了项目资助活动具有代理人和委托人的"双元"特征。从整个项目生命周期来看，项目资助者在项目实施过程中与项目承担者就项目预期目标达成一致、明确项目产出效益、给出判断项目是否取得成功的标准以及持续监控项目环境变化等资助活动，是保证项目顺利实施并获取成功的关键[222,225]。根据科研项目生命周期的时间顺序，可将科研项目资助活动按照相互间逻辑关系划分为不同阶段的活动，主要包括申请过程中采用同行评议方法对科研项目进行筛选；科研项目审批过程中签订研究计划并下拨经费；在实施科研项目过程中，定期对项目实施情况进行监控；在验收科研项目过程中，制定验收标准并对科研项目实施情况进行评价。上述这些活动中反映项目早期的一些活动，如签订研究计划合同书、对项目实施情况进行监控等主要是从委托组织代理人角度考虑，而支持项目管理者履行其职责、监测项目环境变化等活动主要从项目管理委托人的视角进行反映。因此根据上述资助活动的特征，结合大卫布赖德提出的项目资助多维度概念，相应的把科研项目资助活动也划分为外部和内部聚焦资助活动两个维度。基于上述研究和科研项目资助活动的维度分析，本书提出以下假设并加以验证。

假设 1：科研项目外部聚焦资助活动对项目绩效有显著的正向影响。

假设 2：科研项目内部聚焦资助活动对项目绩效有显著的正向影响。

科研项目是由科研项目主管机构经过资格审核批准，具有一定资格的依托单位相关人员或其他单位成员组建项目团队负责实施的，在一定程度上可认为科研项目完成以及研究成果是依托单位资源有效整合，职能部门相互协调，项目成员具体实施下共同取得的结果。目前，国内外科研项目管理机构对依托单位在科研项目管理中发挥的作用认同度较高，不同国家的科研项目管理机构也明确了依托单位定义及其相关职责。如美国联邦政府法规中定义依托单位（Grantee）指接受政府提供资助并且对于资助资金的使用负责的法律实体，并对联邦政府提供资金的使用承担责任[226]，而且美国国家科学基金会（National Science Foundation，NSF）进一步明确了依托单位对科学基金项目的科学和技术层面相关内容担负责任[227]；国家自然科学基金委（NSFC）相关条例定义依托单位是在国家境内的高等学校、科学研究机构和其他具有独立法人资格、开展基础研究的公益性机构，同时也规定了其在项目申请、实施和结题中应承担的职责等[228]。综合来看尽管国内外对依托单位的定义上存在一些差异，但普遍都认为依托单位应在项目申请、改善项目研究条件、监督和管理项目经费使用等方面承担责任。根据这些职责的内涵，可以发现依托单位在科研项目申请、实施以及结题过程中应该提供的各类支持，这些支持根据方式和内容的不同，可以把这些支持分为"软"和"硬"支持两大类，如"软"支持包括从制度安排上进行倾斜等；"硬"支持包括在经费上进行配套等。

作为科研项目外部利益主体——依托单位，其对科研项目支持方式主要反映作为组织层面的相关因素对项目成功产生的影响。巴勒塞斯和图克尔认为影响项目成功的因素可以分为项目管理者、项目、组织和外部环境因素四种[43]。针对组织因素对项目成功影响的研究，切尼、迪克森和凯勒等发现组织行为特征比技术特征更能促进项目成功[324]，而在具体行为特征方面，一些学者进一步认为项目高层组织支持是项目成功的关键影响因素。组织支持作为组织行为特征的一种体现方式，研究者已经开始探讨其是如何对项目成功产生影响的，如托马斯·G. 约翰逊研究发现如果给予项目团队成员恰当的支持，项目团队成员能够取得更为满意的绩效，也能够促使项目更好地完成[131]。具体而言，组织支持对项目绩效影响的重要性主要表现在能够创造有利于项目实施的支持、信任和帮助的氛围[218]。科研项目与一般项目本质性的区别在于创新性，从科研项目研究问题提出、实施以及结题验收都会遇到各种难题，为帮助项目成员克服害怕科研项目申请以及科研项目研究的失败，依托单位在提供各种有利于科研项目研究实施的条件外，还应该创造有利于科研项目完成的宽松研究环境，如给予项目负责人更多控制权、允许项目失败等，从而促使科研项目目标更好实现。基于上述研究的分析，本书提出以下假设并加以验证。

假设3：科研项目依托单位组织支持对项目绩效有显著的正向影响。

依托单位作为项目资助者与项目承担者的重要沟通平台，其支持与否能够对项目绩效会产生重要影响[178,209]。在科研项目实施过程中，依托单位能否为科研项目负责人提供相应的研究条件；能否对科研项目资助经费使用进行有效管理和监督；能否保障科研项目经费使用效益等[183]，这些将对科研项目完成产生极其重要的影响。从课题制规定的依托单位权责利来看，依托单位一方面需履行作为项目法定负责人的职责，另一方面更为强调的是配合科研项目主管机构对项目实施资助管理，以期能够更好地促进科研项目完成和创新性研究成果获取。为此，依托单位在将科研项目主管机构各项规定要求落实到实处的前提下，应注重科研项目研究条件和配套设施的保障，转变科研管理理念，创造有利于科研项目实施开展与成功的条件，以更好地配合和支持科研项目主管机构实施的资助行为，从而能够有利于科研项目的实施和完成。基于上述研究和依托单位组织支持作用的分析，本书提出以下假设并加以验证。

假设 4：依托单位组织支持会干扰科研项目外部聚焦资助活动与项目绩效的关系，即依托单位支持力度大，科研项目外部聚焦资助活动与项目绩效的正向关系将愈高。

假设 5：依托单位组织支持会干扰科研项目内部聚焦资助活动与项目绩效的关系，即依托单位支持力度大，科研项目内部聚焦资助活动与项目绩效的正向关系将愈高。

为此，根据上述对前人研究工作的总结，结合科研项目管理实际状况，本书确定科研项目资助、依托单位组织支持与项目绩效关系的研究框架，如图 5-1 所示。

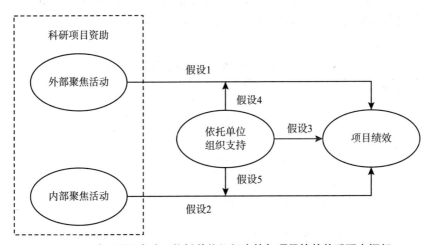

图 5-1 科研项目资助、依托单位组织支持与项目绩效关系研究框架

5.3　研究变量及其度量

（1）科研项目绩效。

本书界定科研项目绩效为科研项目在既定的时间、经费约束条件下完成科研目标情况以及项目创新情况，科研项目绩效包括项目成功和项目创新两个维度。本书为确保科研项目绩效测量工具的效度与信度，在参考当前国家自然科学基金委对其所资助科研项目绩效评估内容的基础上，尽量采用国内外现有文献已使用过的成熟量表，再根据研究的目的加以修改作为搜集实证资料的工具。在科研项目成功的衡量方法上，主要采用埃里克·T.G.王等开发的量表[308]以及平托、斯莱文和约翰·沃特里奇等认为顾客对项目的满意程度也是项目成功的重要指标[91]，具体包括能够达成项目目标、完成预期的大部分工作、高质量地完成工作、遵循计划表、在资金预算范围内完成任务、高效率的执行任务和科研项目主管机构满意程度7个题项。在科研项目创新的衡量方法上，主要是采用詹森[325]和刘慧琴[326]开发的团队创新绩效量表，包括项目创新性强、产生创新想法、提高创新能力和增强了学科敏感性4个问题。科研项目绩效测量维度总共11道问题，测量问题采用通行的Likert 5级量表形式，1~5代表程度从最低到最高，具体量表内容如表5-1所示。

表5-1　　　　　　　　　　科研项目绩效各维度测量题项

维度	测量项目
项目成功	①能够实现计划任务书规定的研究目标 ②完成计划任务书预期的大部分研究内容 ③高质量完成了项目研究内容 ④遵循项目计划任务书规定的日程安排 ⑤在经费预算范围内完成项目研究 ⑥高效率执行了项目研究工作 ⑦科研项目主管机构对项目取得的研究成果表示满意
项目创新	⑧项目研究成果创新性强 ⑨项目产生了大量新的创新想法 ⑩项目成员综合创新能力得到显著提高 ⑪项目成员对科学前沿的敏感性明显增强

（2）项目资助。

项目资助操作化定义为：项目资助者开展的与项目实施方就项目预期目标达成一致、明确项目应产出的效益、给出判断项目是否取得成就的标准以及持续监控项目环境变化等资助活动。本书采用大卫布赖德[181]提出的项目资助量表作为测量工具，该量表包括 12 个问题，分别包括外部聚焦资助活动（representing the focal point between client and project）、内部聚焦资助活动（supporting，championing）两个方面。本书根据科研项目的项目资助实际状况及研究需要，对该资助活动量表进行了适当的修改，选取了其中 8 个题项，测量问题采用通行的 Likert 5 级量表形式，1 ~ 5 代表程度从最低到最高，具体量表内容如表 5 - 2 所示。

表 5 - 2   科研项目资助测量题项

维度	测量项目
科研项目资助	①与项目申请者就项目预期目标达成一致 ②明确项目应产出的效益 ③给出判断项目是否取得成就的标准 ④定期检查项目实施产生的效益 ⑤支持项目负责人履行其职责 ⑥如果基金委认为合适，将终止对项目的资助 ⑦项目完成后进行验收 ⑧持续监控基础研究宏观环境变化

（3）组织支持。

组织支持操作化定义为：是指组织和其管理者重视项目和提供相关支持以保证项目成功的程度。本书在采用吴建南、章磊提出的依托单位支持量表作为测量工具[17]。该量表在梳理国内外研究的基础上，结合科研项目管理实际情况而设计了相应的量表，同时为确保量表测量的效度与信度，在调查问卷正式定稿与调查之前，先对科研项目依托单位的研究人员和管理人员进行问卷预调查，以评估问卷设计及用词是否恰当。该测量量表共有 4 个测量题项，分别包括项目申请支持、科研条件保障、经费监督与管理、固定资产与成果管理。测量问题采用通行的 Likert 5 级量表形式，1 ~ 5 代表程度从最低到最高，具体量表内容如表 5 - 3 所示。

表 5 - 3　　　　　　　　　依托单位组织支持各维度测量题项

测量项目
①在项目申请过程的作用发挥
②在项目科研条件保障的作用发挥
③在项目经费监督与管理的作用发挥
④在项目固定资产与成果管理的作用发挥

(4) 控制变量

在以往研究中已有学者发现依托单位、项目自身的一些基本特征能够对项目绩效产生影响。为了控制上述这些基本特征变量可能会影响研究中的核心变量关系，在本书中笔者把项目周期（1 = 1 年、2 = 2 年、3 = 3 年）、项目规模（1 = 5 万 ~ 10 万元、2 = 11 万 ~ 20 万元、3 = 21 万元以上）、学科领域（1 = 电子学与信息系统、2 = 计算机科学、3 = 自动化科学、4 = 半导体科学、5 = 光学与电子学），依托单位组织规模（1 = 教育部直属高校、2 = 非直属高等院校、3 = 其他）、区域位置（1 = 东部地区、2 = 西部地区、3 = 中部地区）作为控制变量放进统计分析中。控制变量在研究中有时也成为无关变量（extraneous variables），是与研究目标无关的非核心研究变量，但由于在组织行为学的研究中认为，这些基本特征信息可能会影响变量之间的关系，需要加以适当的控制，才能够保证结果更加可信[325]。

5.4　数据分析与结果

5.4.1　信效度检验

本书采用 SPSS 15.0 对科研项目绩效、依托单位组织支持和项目资助测量量表进行信度分析，采用 Lisrel 8.5 软件对测量变量的效度结构进行验证性因素分析。

（1）信度检验和单维度分析。

采用样本中的 CITC 和信度分析方法，进行信度分析。根据 CITC > 0.3 和 Cronbach's α 系数 >0.7 的标准，测量题项都符合信度检验要求。表中的测量题项与问卷中测量的问题相对应，为了有效使变量与测量题项进行区分，在表中用符合如 OS -1 代表组织支持第 1 个题项；用符合如 PS -1 代表项目资助第 1 个题项；用符合如 PM -1 代表科研项目绩效第 1 个题项。具体结果如表 5 -4、表 5 -5 和表 5 -6 所示。

从表 5 -4 可以看出项目资助的 8 个测量题项的 CITC 值均大于 0.3，整体 Cronbach's α 系数为 0.781，说明测量量表符合信度要求。从表 5 -5 可以看出，组织支持的 4 个测量题项的 CITC 值分别为 0.466、0.609、0.639、0.634，整体 Cronbach's α 系数为 0.777，说明测量量表符合信度要求。从表 5 -6 可以看出，项目成功维度的 7 个测量题项的 CITC 值均大于 0.3，整体 Cronbach's α 系数为 0.795，说明测量量表符合信度要求。项目创新维度的 4 个测量题项的 CITC 值均大于 0.3，真题 Cronbach's α 系数为 0.851，说明测量量表符合信度要求。

表 5 -4   **科研项目资助的信度检验**

变量	题项代号	CITC	删除题项后 Cronbach's α	Cronbach's α
项目资助	PS - 1	0.483	0.758	0.781
	PS - 2	0.557	0.745	
	PS - 3	0.544	0.747	
	PS - 4	0.385	0.772	
	PS - 5	0.609	0.734	
	PS - 6	0.477	0.758	
	PS - 7	0.439	0.764	
	PS - 8	0.380	0.772	

表 5 - 5   组织支持的信度检验

变量	题项代号	CITC	删除题项后 Cronbach's α	Cronbach's α
组织支持	OS - 1	0.466	0.787	0.777
	OS - 2	0.609	0.708	
	OS - 3	0.639	0.697	
	OS - 4	0.634	0.697	

表 5 - 6   项目绩效的信度检验

变量	维度	题项代号	CITC	删除题项后 Cronbach's α	Cronbach's α
项目绩效	项目成功	PM - 1	0.651	0.744	0.795
		PM - 2	0.365	0.812	
		PM - 3	0.634	0.746	
		PM - 4	0.569	0.759	
		PM - 5	0.509	0.773	
		PM - 6	0.629	0.745	
		PM - 7	0.561	0.846	
	项目创新	PM - 8	0.686	0.815	0.851
		PM - 9	0.668	0.821	
		PM - 10	0.725	0.804	
		PM - 11	0.681	0.816	

（2）内容效度检验。

效度（Validity）是指所选择的测量工具能够正确测出研究所要测量的特质与功能，反映出概念定义与操作化定义之间的契合程度。同样的指标在不同的研究目的下，可能产生不同的效果。本书通过检验内容效度和结构效度两个方面对测量工具进行分析。

内容效度的含义是测验题目对有关内容或行为范围取样的适当性，它反映出衡量工具能够涵盖研究主题的程度。一般来说，对内容效度的评判并不是从数学上来衡量，而是通过一种主观和判断的方式来进行。问卷内容效度主要通过以下方式来保障，首先，问卷在发放填写时明确告知被测者关于调查的目的、内容，告知内容填写要求，并向被测承诺问卷内容经仅供研究、严格保密；其次，问卷填写过程中通过电话或者电子邮件的方式对被测者出现的疑问进行解答和指导，保证被测者对问卷题项的准确理解和回答；最后，在问卷正式使用之前，专门面向科研项目主管机构的员工、管理者、依托单位以及项目获得资助者进行咨询和访谈，就问卷题目表述的清晰性等问题进行评价和完善。通过以上的方式，可以保证研究问卷具有较好的内容效度。

（3）结构效度检验。

结构效度（Consturct Validity）是指某个指标在多大程度上刻画所度量的结构变量而不是其他结构变量。对结构效度的检验不但要验证某个指标是否显著于依附所度量的结构变量（收敛效度），而且还要确保该指标没有度量其他的结构变量（区别效度）[229]。本书将在对数据单维度分析的基础上，对变量的结构效度进行检验。

①数据单维度分析。

在进行因素分析之前，必须先确认资料是否有共同因素存在。Bartlett 球度检验，检验的是相关阵是否是单位阵，它表明因子模型是否不合时宜。KMO（Kaiser – Meyer – Olkin）取样适宜性能有偏相关系数反映资料是否使用因子分析。KMO 取值在 0～1 之间，一般认为，KMO 在 0.9 以上为非常适合，在 0.8～0.9 之间为很适合，在 0.7～0.8 之间为适合，在 0.6～0.7 之间为勉强适合，在 0.5～0.6 之间为很勉强，在 0.5 以下为不适合，而 Bartlett 球度检验的 P 值显著性概率应该小于或等于显著性水平[197]。具体分析结果如表 5-7 所示。

表 5-7　　　　　　　　变量的 KMO 值和 Bartlett 球度检验结果

变量	维度	KMO 取样适宜性	Bartlett 球度检验			适宜性
			近似卡方分配	自由度	P 值	
项目资助	—	0.828	1153.051	28	0.000	很适合
组织支持	—	0.694	908.786	6	0.000	勉强适合
项目绩效	项目成功	0.802	1310.504	15	0.000	很适合
	项目创新	0.801	1472.435	10	0.000	很适合

　　通过进行数据单维度分析，考察了变量各个构面及属性的 KMO 值，从单维度分析结果可以看出，项目资助、项目绩效量表的 KMO 值都高于 0.7，说明这些量表的测量效果适宜本书的研究，而组织支持 KMO 值位于 0.6 ~ 0.7 之间，说明该量表测量效果一般。

　　本书对科研项目资助量表进行了修改，对科研项目资助进行探索性因子分析（Exploratory Factor Analysis，EFA），以进一步了解测量量表的层面是否与操作性定义的层面数目和内容一致。先对科研项目资助量表的输入资料进行主成分分析，将各分析结果以最大反差变异法进行正交转轴，抽取重要因素。对于各维度因素取舍采用学者依泰森与布莱克建议[197]，取出特征值大于 1，因素负荷尽量大于 0.5，排除不合适因素负荷量，以作为研究的分析。科研项目资助抽取 2 个因素，其中 1 个题项的因素负荷值低于 0.5 的去掉外，其他 7 个题项的因素负荷值，如表 5 - 8 所示。

表 5 - 8　　　　　　　　　　科研项目资助探索性因子分析结果

因素	题项	1	2
外部聚焦 资助活动	与项目申请者就项目预期目标达成一致	0.590	
	明确项目应产出的效益	0.859	—
	给出判断项目是否取得成就的标准	0.726	—
	定期检查项目实施产生的效益	0.748	—
内部聚焦 资助活动	支持项目负责人履行其职责	—	0.752
	项目完成后进行验收	—	0.551
	持续监控基础研究宏观环境变化	—	0.821

　　②验证性因子分析。

　　在本书中，组织支持是一个单维变量，其测量量表包含 4 个题项，利用大样本调研数据对其进行验证性因子分析，所得模型及具体参数如表 5 - 9 和图 5 - 2 所示，其中 e1、e2、e3 和 e4 为误差变量。从表 5 - 9 可以看出，验证性因子分析得出的拟合优度指标值均达到建议的标准，说明管理控制变量的测量模型是有效的。各题项在公因子上的标准化载荷系数都大于 0.5 以上，三个维度因子各自提取的平均方差（Average Variance Extracted，AVE）都超过了 0.5 的临界值，证明量表整体具备了较好的收敛效度。各题项的 R^2 都在 0.25 以上，子量表结构信度系数都大于 0.6 的下限，说明组织支持量表具备了较好的内部一致性，可用于后续的研究分析。

表 5 – 9　　　　　　　　　组织支持量表的验证性因子分析结果

因子结构	题项代号	标准化载荷（R）	临界比（C.R.）	R^2	CR	AVE
组织支持	OS – 1	0.54		0.292	0.8045	0.517
	OS – 2	0.59	9.54	0.348		
	OS – 3	0.85	10.68	0.723		
	OS – 4	0.84	10.68	0.706		
拟合优度	χ^2/df = 4.229	RMSEA = 0.025	NNFI = 0.74	CFI = 0.94	AGFI = 0.81	IFI = 0.91

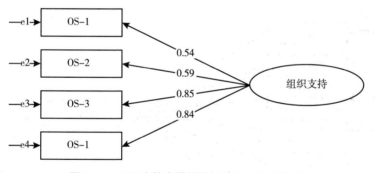

图 5 – 2　组织支持变量的验证性因子分析模型

科研项目绩效是一个二阶因子，其测量量表一共包含两个维度，共 11 个题项。利用大样本调研数据对其进行验证性因子分析，所得模型及具体参数可参见表 5 – 10 和图 5 – 3。从表 5 – 10 可以看出，其中 e1 ~ e11 为误差变量验证性因子分析得出的拟合优度指标值均达到建议的标准，说明科研项目绩效变量的测量模型是有效的。各题项在公因子上的标准化载荷系数都大于 0.5 以上，项目创新维度因子各自提取的平均方差（AVE）超过了 0.5 的临界值，而项目成功的 AVE 值为 0.4658，接近于 0.5 下限，基本符合要求，证明量表整体具备了较好的收敛效度。各题项的 R^2 都在 0.25 以上，子量表结

表 5 – 10　　　　　　　科研项目绩效量表的验证性因子分析结果

因子结构	题项代号	标准化载荷（R）	临界比（C.R.）	R^2	CR	AVE
项目成功	PM – 1	0.77		0.593	0.8359	0.4658
	PM – 2	0.64	14.84	0.410		
	PM – 3	0.80	20.35	0.640		
	PM – 4	0.57	14.22	0.325		
	PM – 5	0.50	12.34	0.250		
	PM – 6	0.76	19.48	0.578		
	PM – 7	0.66	15.24	0.436		
项目创新	PM – 8	0.75	16.59	0.563	0.8528	0.5375
	PM – 9	0.72	15.97	0.518		
	PM – 10	0.78	17.09	0.608		
	PM – 11	0.75	16.49	0.563		
拟合优度	$\chi^2/df=5.9$　RMSEA = 0.03　NNFI = 0.92　CFI = 0.94　AGFI = 0.81　IFI = 0.94					

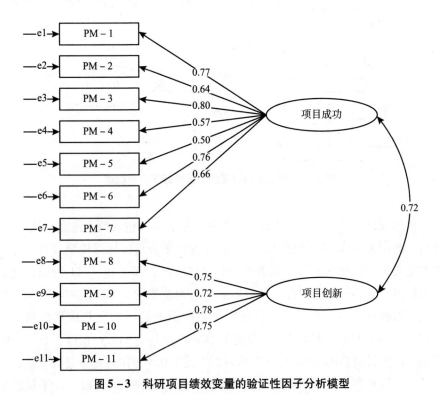

图 5 – 3　科研项目绩效变量的验证性因子分析模型

构信度系数都大于 0.6 的下限，说明科研项目绩效量表具备了较好的内部一致性，可用于后续的研究分析。

科研项目绩效变量两个维度之间的区分效度检验结果，如表 5-11 所示，表中的对角线上括号内的数值为两个维度 AVE 的平方根，而非对角线上的数值则表示两两维度之间的相关系数值。从表 5-11 中可以看出，项目绩效各个维度 AVE 的平方根值大于其所在行与列维度之间的相关系数值，从而进一步证明了行为整合的两个测量维度彼此之间可以有效加以区分。

表 5-11　　科研项目绩效变量各维度之间的区分效度检验结果

变量	项目成功	项目创新
项目成功	(0.752)	
项目创新	0.72	(0.733)

5.4.2　描述统计和相关分析

表 5-12 显示了科研项目资助、依托单位支持、项目绩效三个变量的均值、标准差和相关系数。从分析结果可以看出，变量的均值和标准差所反映的数据分布情况较好地符合正态分布特点，为下一步数据分析提供了良好的条件。从表 5-12 可看出，科研项目外部聚焦资助活动和内部聚焦资助活动、依托单位组织支持与项目绩效均在 0.05 水平上显著正相关，科研项目外部聚焦资助活动与内部聚焦资助活动同项目绩效相关大小依次递减，相对于依托单位组织支持的相关大小，两者对项目绩效影响都较大。

表 5-12　　科研项目资助、组织支持与项目绩效的相关性分析

变量	均值	标准差	外部聚焦资助活动	内部聚焦资助活动	组织支持	项目绩效
外部聚焦资助活动	3.7518	0.60995	1	—	—	—
内部聚焦资助活动	4.1943	0.46759	0.450 ***	1	—	—

续表

变量	均值	标准差	外部聚焦 资助活动	内部聚焦 资助活动	组织支持	项目绩效
组织支持	3.8181	0.65475	0.277 ***	0.219 ***	1	—
项目绩效	4.2460	0.40989	0.344 ***	0.305 ***	0.254 ***	1

注： *** 表示 $P < 0.01$ 。

5.4.3 假设验证结果

为了更加准确验证本书提出的各项假设，研究中采用多级最优尺度回归方法对各项假设进行验证。在正式回归分析中，笔者严格按照两步骤模式，第一步，只引入控制变量和独立作用项，第二步，引入主要自变量。这样便可以对各主要变量的主效应和各自对因变量的解释度都有一个清晰的认识。从方程显著性检验来看，各模型的 F 检验值都是显著的，说明模型总体线性关系式显著的；R^2 在加入自变量后显著增加，说明在模型中引入新变量是合适的，该模型能较好地完成对变量间关系的检验任务。

在表 5-12 分析的基础上，采用最优尺度回归法将科研项目资助的两个维度，以及两个维度和依托单位组织支持的交叉项与项目绩效进行回归分析，结果见表 5-13。

表 5-13 报告了科研项目资助、组织支持与项目绩效之间假设关系的验证结果。回归结果表明，在控制了项目依托单位和项目自身特征变量后，模型 3 是科研项目外部聚焦资助活动对项目绩效的影响，发现科研项目外部聚焦资助活动与科研项目绩效的回归系数为 0.357（$P < 0.01$），显著正相关；模型 6 是科研项目内部聚焦资助活动对科研项目绩效的影响，发现科研项目内部聚焦资助活动与科研项目绩效的回归系数为 0.319（$P < 0.01$），显著正相关。模型 2 为科研项目依托单位组织支持与项目绩效之间假设关系的验证结果。回归结果表明，在控制了项目依托单位和项目自身特征变量后，发现科研项目依托单位组织支持与科研项目绩效的回归系数为 0.291（$P < 0.01$），显著正相关。结果验证了以上结果分别验证了假设 1、假设 2 和假设 3。

表 5 – 13   科研项目资助、组织支持与项目绩效的多元回归分析

	变量	模型 1	模型 2	模型 3	模型 4	模型 5	模型 6	模型 7	模型 8
控制变量	项目周期	– 0.064	– 0.066	– 0.075	– 0.076	– 0.062	– 0.071	– 0.075	– 0.077
	学科领域	– 0.100 ***	– 0.083 ***	– 0.076 ***	– 0.076 ***	– 0.076 ***	– 0.081 ***	– 0.073 ***	– 0.072 ***
	项目规模	0.059	0.045	0.081	0.071	0.062	0.063	0.057	0.060
	组织规模	– 0.073 **	– 0.074 **	– 0.063 *	– 0.072 **	– 0.065 *	– 0.080 **	– 0.079 **	– 0.076 **
	组织区域	0.088 ***	0.077 **	0.060 *	0.064 **	0.064 *	0.069 **	0.069 **	0.069 **
自变量	外部聚焦资助			0.357 ***	0.299 ***	0.299 ***			
	内部聚焦资助						0.319 ***	0.266 ***	0.264 ***
	组织支持		0.291 ***		0.211 ***	0.184 ***		0.229 ***	0.219 ***
乘积项	外部聚焦资助活动 × 组织支持					0.107 ***			
	内部聚焦资助活动 × 组织支持								0.058 *
	F 值	1.239	4.433 ***	6.390 ***	6.870 ***	6.020 ***	5.551 ***	6.184 ***	5.741 ***
	R^2	0.024	0.104	0.144	0.183	0.191	0.121	0.168	0.171
	Adj – R^2	0.005	0.081	0.121	0.157	0.159	0.099	0.141	0.141
	R^2 变化值					0.008			0.003

注：* 表示 $P < 0.1$；** 表示 $P < 0.05$；*** 表示 $P < 0.01$。

模型 5 为科研项目外部聚焦资助活动与依托单位组织支持对项目绩效交互作用的影响结果。相对于模型 4 的 $P < 0.01$ 达到非常显著水平（F = 6.020，R^2 = 0.191），模型 5 的 $P < 0.01$ 达到非常显著水平（F = 6.870，R^2 = 0.183），且 R^2 增加了 0.008，科研项目外部聚焦资助活动与依托单位组织支持的交互作用的标准化回归系数为正，且达到显著性水平（$P < 0.01$），支持假设 4：依托单位组织支持会干扰科研项目外部聚焦资助活动与科研项目绩效的关系，即依托单位组织支持力度大，科研项目外部聚焦资助活动与科研项目绩效的正向关系将越高。

模型 8 为科研项目内部聚焦资助活动与依托单位组织支持对科研项目绩

效交互作用的影响结果。相对于模型 7 的 P < 0.01 达到非常显著水平（F = 6.184，R^2 = 0.168），模型 8 的 P < 0.01 达到非常显著水平（F = 5.741，R^2 = 0.171），且 R^2 增加了 0.003，科研项目内部聚焦资助活动与依托单位组织支持的交互作用的标准化回归系数为正，且达到显著性水平（P < 0.1），支持假设 5：依托单位组织支持会干扰科研项目内部聚焦资助活动与项目绩效的关系，即依托单位组织支持力度大，科研项目内部聚焦资助活动与科研项目绩效的正向关系将越高。

为了具体分析依托单位组织支持对科研项目外部聚焦资助活动和项目绩效之间关系的调节作用，笔者以组织支持的得分为分类标准，以组织支持得分均值增减一个标准差为分类点，把样本得分值低于均值减标准差作为分类可以得到低组织支持的一组样本，而把样本得分值高于均值加标准差可以得到高组织支持的一组样本，然后对每组的样本根据回归结果作图，如图 5 - 4 所示。

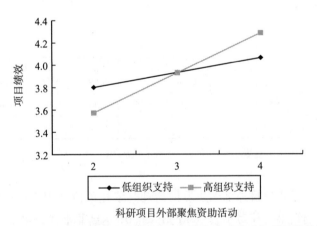

图 5 - 4　依托单位组织支持对科研项目外部聚焦资助活动与项目绩效的影响

图 5 - 4 给出了依托单位组织支持、科研项目外部聚焦资助活动影响科研项目绩效的关系方式，结果表明在依托单位高组织支持下，科研项目外部聚焦资助活动能够显著提升科研项目绩效；而在依托单位低组织支持下，科研项目外部聚焦资助活动也能显著提升科研项目绩效，但相对于依托单位高组织支持而言，提高科研项目绩效的作用偏小。

同样，为了具体分析依托单位组织支持对科研项目内部聚焦资助活动和科研项目绩效之间关系的调节作用，笔者以组织支持的得分为分类标准，以组织支持得分均值增减一个标准差为分类点，把样本得分值低于均值减标准差作为分类可以得到低组织支持的一组样本，而把样本得分值高于均值加标准差可以得到高组织支持的一组样本，然后对每组的样本根据回归结果作图，如图 5-5 所示。

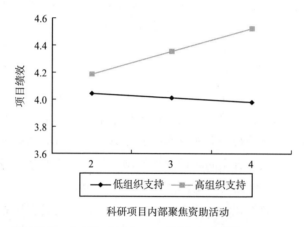

图 5-5　依托单位组织支持对科研项目内部聚焦资助活动与项目绩效的影响

图 5-5 给出了依托单位组织支持、科研项目内部聚焦资助活动影响科研项目绩效的关系方式，结果表明在依托单位高组织支持下，科研项目内部聚焦资助活动能够显著提升科研项目绩效；而在依托单位低组织支持下，科研项目内部聚焦资助活动也能显著降低科研项目绩效。

5.5　结果讨论与启示

5.5.1　科研项目资助与项目绩效关系的讨论

项目资助作为项目生命周期过程中的一种活动，其对项目绩效的影响已经引起项目管理领域的学者的关注和重视[208]，许多关于项目管理的文献都强调项目资助者能够支持项目实施成功[204,214]。相对于商业领域、体育和艺术等领域对资助行为的研究，项目资助研究还刚刚起步，无论在项目资助的内涵以及测量还是在项目资助的效应方面的研究都有待于学者进一步完善和深化。本书通过实证研究结果发现，科研项目资助能够划分为外部聚焦资助活动和内部聚集资助活动两个维度，同时也发现科研项目外部聚焦资助活动和内部聚焦资助活动都能够对项目绩效产生显著的正向影响，假设1和假设2得到支持。研究结果表明：在科研项目实施过程中，科研项目主管机构无论是在项目前期开展的外部聚焦资助活动还是后期的内部聚焦资助活动都能够对提升项目绩效产生积极影响。

　　从已有项目领域中关于项目资助对项目绩效影响的实证研究结果来看，其研究主要针对商业领域项目开展，而且样本来源不同类型的商业项目，加上不同类型项目在资助行为方面存在一些差异，因此研究结果准确性可能会产生偏离。本书选取具有相同属性的科研项目作为研究对象，研究结果发现科研项目资助对项目绩效有显著的正向影响，大卫布赖德以英国服务和商业部门项目为研究对象发现的项目活动者活动对项目成功具有显著性影响以及刘力以澳大利亚商业项目为研究对象发现的项目资助对产品绩效有显著的影响等学者得出的研究结果相吻合[181,217]。从本书以及国外相关学者实证研究结果可以进一步证实项目资助能够对项目绩效产生影响，因而无论在方法上还是理论上都扩展了相关理论研究的结论。

　　本书证明了在课题制背景下，科研项目资助是影响科研项目绩效的决定因素。研究结果说明了科研项目主管机构作为资助科研项目研究经费的重要来源，在对科研项目资助方面不应仅限于提供资金支持，还应在整个科研项目生命周期内有效开展和实施资助活动，如在科研项目立项阶段通过契约形式明确项目的产出、项目成功的标准以及项目实施检查的方式等；在项目后期管理中开展项目后评估等。这些资助活动按照其项目资助者开展活动特征的不同，可以分为外部和内部聚焦资助活动两类，且都能够对项目绩效产生显著性的影响。为此建议科研项目主管机构在落实资助活动过程中，不仅应从制度安排层面加以完善和丰富，而且还应立足现有条件积极采取有效措施和手段加以落实，从而激励科研项目负责人及项目成员能更好完成科研项目。

5.5.2　依托单位组织支持调节作用的讨论

科研项目依托单位在项目实施过程中能够作为连接科研项目主管机构和项目负责人的桥梁，承担着上传下达的角色，而且作为科研项目管理组织的重要组成部分，在项目实施过程中发挥着纽带和桥梁的作用[15]。依托单位能够对项目成功产生影响已被学者们指出，切尼、迪克森和凯勒等认为项目所在组织的行为特征比技术特征更能促进项目成功。本书通过实证研究结果发现，科研项目依托单位的组织支持对项目资助与项目绩效关系具有正向的调节作用，假设 4 和假设 5 得到支持。研究结果表明：科研项目依托单位组织支持会干扰项目资助与项目绩效的关系，即依托单位组织支持的力度越大，科研项目资助与项目绩效的显著性正向关系将越高。

国内外科研项目主管机构已经给出了依托单位诸多定义，从其内容来看普遍都认同依托单位应在组织项目申请、改善项目研究条件、监督和管理项目经费的使用等方面承担责任，从这些内容来看主要是反映依托单位在项目实施过程中应该承担的责任，具体表现有依托单位应给予的各种支持。芒斯和比杰尔米认为项目所在的组织对项目的职责非常重要，其对项目的支持与信任是项目成功极其重要的因素，如果组织不愿意提供资源和必要的管理支持，项目执行将面临一些困难[258]。本书发现的项目依托单位组织支持对项目资助与项目绩效有正向调节作用结论，与一些学者采用实证研究方法发现项目所在组织的支持能够对项目团队相关行为与项目完成关系产生积极影响的研究结果相基本吻合，从而将研究内容进行拓展和丰富。

已有研究者和实践者都已认识到，作为科研项目管理组织的组成部分之一，项目依托单位能够在项目实施过程中发挥重要作用。然而在当前依托单位相对于执行和管理方面的作用，其更为注重的是项目申请，以此通过获取科研项目数量彰显其在科研方面的实力，并把能否获取科研项目作为研究人员职称晋升的重要依据；同时，也发现依托单位在后期执行、管理方面还存在一些不足，如缺乏为科研项目研究人员提供更多有效的保障，在一定程度上影响了科研项目的实施和完成。为此建议科研项目主管组织在保证依托单位在科研项目管理体系中的地位和职能的同时，还应加强对依托单位在项目实施过程中的作用发挥加以监督和指导，以保证依托单位在科研项目管理中发挥更加重要的作用。

5.6　本章小结

  本章探讨了科研项目主管机构和依托单位对项目绩效影响的途径，在分析科研项目资助、组织支持和项目绩效的相互关系的基础上，构建了理论模型，并提出了 5 个研究假设。在实证分析方面，采用了信效度检验、相关分析和最优尺度回归分析等方法。在信度检验中对调查问卷的变量进行了 CITC 和信度分析方法，分析结果表明变量的测量量表具有良好的信度，而在效度检验分析中，主要是分析了变量的结构效度，首先，对科研项目资助进行探索性因素分析，把科研项目资助分为外部聚焦和内部聚焦资助活动两个维度，其次，对组织支持和项目绩效进行验证性因素分析，分析结果表明变量测量模型的适配性、CR 以及 AVE 值能够满足要求。在信效度检验完成之后，研究采用最优尺度回归分析方法，验证本书提出的所有假设，回归分析结果表明假设检验结果基本支持所提出的假设，并对研究结果进行了讨论。

第6章

科研项目负责人个体特征、管理控制与项目绩效关系研究

6.1 研究目标

科研项目负责人是科研项目团队的核心，在科研项目全生命周期起着至关重要的作用。在第3章构建科研项目绩效影响因素分析框架中已经指出，作为个人层面利益主体——科研项目负责人个体特征差异及实施的管理控制能够对科研项目绩效产生影响，也是影响科研项目绩效的决定因素。为有效对科研项目实施管理，在课题制下明确了以项目负责人为中心的工作团队是科研项目科研活动中最基本的活动单元[18]。科研项目负责人在研究问题的提出、分析及解决等方面具有充分的自主权，因此其科研能力、声誉对科研项目能否按照合同规定的预期目标完成具有重要意义[230]。同时，要求其不仅应该具备较强的科研能力以及能够准确把握学科发展的方向，而且要具有较强的协调和组织能力，善于调动项目成员的积极性和调节项目成员之间的关系，创造良好的外部环境，从而创造有利于科研项目完成的氛围。

科研项目负责人是科研项目发起人及最主要实施者，其科研动机、能力状况是影响科研项目研究成败的最关键环节[230]，而已有研究表明个体相关特征能够对其价值观、需求、信仰产生影响，进而能够间接影响工作能力和动机[231]。从理论上来说，项目负责人的动机及能力对项目绩效有直接的影

响，然而在项目实施过程中，项目负责人个体特征是提升其能力水平以及形成价值取向的重要决定性因素，以及在项目实施过程中实施有效管理控制以掌控项目进度以及促进项目成员工作能产生积极作用。基于上述分析，可以认为科研项目负责人个体特征及管理控制能够对项目绩效产生影响。然而，从已有项目绩效影响因素研究的相关文献来看，聚焦于项目负责人个体特征、管理控制对项目绩效的影响研究较为匮乏，已有的研究主要偏重于科研人员年龄对其产出/绩效的影响[232-234]、项目领导行为对项目绩效的影响[235,236]、项目团队特征及行为过程与项目绩效关系[37,191]等方面的研究。较为相关的一篇相关文献是国外学者在以商业领域项目为背景下，首先从理论层面上论述项目领导特征能够对项目绩效产生的影响[134,135]，以及采用实证研究方法验证管理控制对项目绩效产生的影响[187]。但由于不同领域和类型项目负责人个体特征、管理控制对项目绩效影响途径以及作用方式存在差异，难以进行对比分析，导致研究结论难以具有普遍代表性，为此相关研究也难以得出一致性结论。

为此，本章将在分析科研项目负责人在科研项目生命周期中作用的基础上，分别从个体特征和管理控制两个方面提出相应的理论假设，同时，在考虑科研项目具有可比性的前提下，选取国家自然基金委面上项目作为分析对象，采用实证的方法对提出的假设加以验证。首先，在回顾已有相关研究的基础上，从理论上分析科研项目负责人个体特征、管理控制与科研项目绩效之间的关系；其次，采用实证研究方法，根据收集科学基金面上项目负责人个人特征信息以及调查问卷相关数据，验证科研项目负责人个体特征、管理控制如何影响科研项目绩效及其途径；最后，根据实证研究的结论提供建议，为进一步从科研项目负责人层面完善科研项目管理和提高科研项目绩效提供理论参考。

6.2　研究假设

6.2.1　项目负责人个体特征

科研项目作为项目类型中的一类，除应满足和具备一般项目属性特征外，还具有创造性或者说创新性的特殊本质属性[87]。在科研项目实施过程，科研项目成员以科研项目为平台，是项目创造性或者创新性的具体实践者，而科研项目负责人是科研项目成员的核心，在科研项目生命周期发挥着至关重要的作用，从具体作用来看主要体现在一方面需要科研项目负责人能够站在学科发展的前沿，捕捉其所在研究领域科技发展和科研工作的前沿信息；另一方面需要科研项目负责人具备较深研究资历以及较强的人格魅力，能够引导并解决科研项目研究中出现的各种难点或问题，以高效率地完成项目研究工作。

科研项目负责人既是科研项目的发起者，又是科研项目实施过程中决策的制定者和执行者，其认知基础、价值观以及科研能力是影响科研项目完成的关键因素，而科研项目负责人个体特征，如年龄、经历、教育背景等，则是形成其认知基础、价值观以及科研能力提升的重要因素。国外已有研究表明，研发项目成员个人特征对研发项目完成能够产生重要影响，并认为项目成员和项目负责人年龄、教育程度以及经历等个体特征对研发项目完成效率及成功是非常重要的[134,145,185]。根据这些个体特征所表现的内容，本研究把其分为基本特征（主要包括年龄、学历）、学术特征（主要包括职称、出国留学经历）以及社会特征（主要包括担任领导职务、承担项目经验）三个内容。为此，本书将分别从上述三个方面对相关文献予以回顾，并在此基础上提出科研项目负责人个体特征影响科研项目绩效的相关理论假设。

6.2.2 管理控制

（1）管理控制的定义及内容。

在项目研究的相关文献中，控制被认为是确保项目进展顺利的关键组成部分（Fronell & Larcker，1981；Hwang & Thorn，1999；Kirsch et al.，2002）[327,328]，而管理控制机制是保证项目成功的有效工具（Kirsch，1996）[188]。研究者已经普遍认识到管理控制（Management Control）在项目实施过程中具有重要的作用，但关于管理控制如何作用以及作用方式如何相关研究还比较缺乏，有待于进行深入分析和探讨，而这应该建立在明晰管理控制定义和内容的基础上。围绕管理控制的定义，学者们给出了诸多的定义，相关表述如，管理控制是为企图提高员工行为的方式的可能性，以更好地实现组织目标[237]；管理控制是被广泛视作涵盖所有企图以确保组织个人的方式，是与满足组织的目的和目标一致[187]；亨德森、李定义管理控制是指鼓励员工的行为与组织的目标保持一致；刘俞志等定义管理控制为通过管理监督团队产出和促进团队行为，从而有效地完成目标[238]；管理控制是指监督团队产出和提升成员行为以促进完成目标[136]。

从上述学者给出的管理控制相关定义来看，大多数学者普遍强调了两个方面的内容，一方面通过特定的行为方式，如激励、监督等来提高员工行为；另一方面是强调员工的行为必须与目标任务保持一致性。基于上述分析，已有研究者认为管理控制具体包含哪些内容应结合控制基本类型进行考虑，在控制理论中控制分为正式控制和非正式控制两种类型[187]。在组织研究中，正式控制被视为行为或结果绩效评估的方法，分为过程控制和结果控制，而非正式控制主要是基于社交策略，分为小团体控制和自我控制。相较以往控制在组织研究中主要聚焦于分析组织控制结构，现在越来越多的研究引入控制理论到诸如人力资源管理和项目团队等领域。

控制机制的使用需要根据现实的背景和需求，基尔施认为任务特征、角色期望以及项目相关的知识和技术是选择特别控制机制所应考虑的，特别背景下需要采用特别的控制。在项目管理背景下，管理控制不仅能够通过常规管理确保项目产出过程，能够为完成项目目标而提高团队成员之间交互形成的关系[116]。而且在项目实施过程中，由于缺乏解决问题的架构以及成员角色的模糊，往往需要更强的控制，正式控制显得更加重要[116]。据上述研究观点，本书将采用正式控制来反映管理控制的内容，包括过程控制和结果控制，其中过程控制指通过规定和监控团队的行为和活动从而完成希望达成结果的机制；结果控制指用来直接影响希望达成结果的机制，例如，控制包括设置时间完成期限、预算和团队成员需满足绩效目标。

（2）管理控制的效应。

学者们在项目管理背景下已逐渐重视管理控制对项目绩效产生影响的研究，通过理论论述以及采用实证研究的方法，如案例研究、统计调查等方法开展了一些相关研究，研究普遍认为管理控制能够影响项目成员的内部行为进而对项目绩效产生影响。在案例研究方面，如基尔施认为控制能够确保个人和组织行为的一致性以满足组织目标，为此构建了一个包括正式和非正式控制的组合控制模型，期望能够解释在信息系统项目开发中如何发挥作用，通过对四个信息系统开发项目作为案例，揭示了项目管理者控制在信息系统开发项目过程中发挥了重要作用[187]；乔杜里和萨伯瓦尔分析了控制机制在服务外包的信息系统开发项目的影响，评估了在项目研究过程中控制方式的改变，研究了控制方式对项目的影响，通过选取 5 个典型案例作为分析，发现结果控制对项目影响更为重要尤其是在项目开始阶段，而过程控制较多应用在项目的后期过程中发挥作用[239]。

在相关实证研究方面，邦纳、鲁克特和奥维利[329]在把正式控制划分为过程控制和结果控制两个维度后，采用实证研究方法分析正式控制对新产品项目绩效的影响，发现过程控制对项目绩效有显著负向影响，而结果控制对项目绩效没有影响；埃尔克等在理论上对管理控制进行分析的基础上，建立了管理控制作为自变量，成员沟通作为中间变量，项目绩效作为因变量的模型，通过196 份有效问卷调查验证管理控制对于团队成员沟通、项目绩效是否存在影响作用，研究发现管理控制对项目绩效水平和团队成员沟通存在显著的影响作用[116]；学者针对恩、博杰松和马蒂亚森认为管理控制对项目绩效和项目实施过程标准是积极联系的这一观点，采用实证研究的方法，通过 212 位项目研发人员的回收问卷分析，发现管理控制能够对项目绩效产生积极的影响[192]；学者在针对信息系统研发项目研究任务执行能力与项目管理绩效的关系时，发现项目管理者控制是影响成员研发项目执行能力的重要因素，并通过面向 500 名信息系统项目管理者以及专家发放调查问卷，研究结果表明管理者控制对研发成员的任务执行能力以及项目管理绩效都会产生积极的影响[136]。

从上述在项目背景下关于管理控制效应的研究来看，研究者无论从理论还是实证角度都证明了管理控制能够对项目绩效产生影响。从其影响途径的实证研究来看，有学者认为管理控制能够直接对项目绩效产生影响，而有些学者则认为管理控制能够通过影响项目成员行为进而间接对项目绩效产生影响。这些研究虽然从不同类型背景验证了管理控制对项目绩效的影响，但仍然没有得到一致性结论，究其原因可能在于对管理控制内容和测量以及研究中涉及的项目属性存在较大差异。

6.2.3 科研项目负责人个体特征与项目绩效的关系

（1）科研项目负责人基本特征对项目绩效的影响。

开展创新性活动是科研项目实施的重要目的，科研项目负责人是开展项目创新的主角，如何能有效实现科研项目预期创新目标是其在科研项目实施过程中应主要履行的职责，从而要求科研项目负责人不但需要具有丰富的相关领域知识、旺盛的精力，而且还需要具有较强的记忆力以及深刻的理解力和分析能力[240]。处在不同年龄阶段的科研项目负责人对科研项目完成的期望值也存在差异，一般来说，年轻的科研项目负责人喜欢不断寻求创新的方法与手段，鼓励项目成员开展创新性研究，并以此作为提升个人学术声望的重要途径，而当科研项目负责人达到学术声望顶端以及年龄的增大，在科研项目实施过程中倾向于回避风险，降低科研项目完成标准。已有研究表明35~37岁是科研人员创造的最佳年龄段，是出现创造性科研成果的黄金时代[241]。柯尔研究了6个不同学术领域的研究人员年龄与其科研绩效的关系，发现研究人员年龄与科研产出的数量、质量呈轻微的曲线关系[232]。基于上述分析，本书提出以下假设并加以验证。

假设1a：科研项目负责人年龄与科研项目绩效呈显著的U形曲线关系。

科研项目开展创新性活动以及获取丰硕研究成果，需要科研项目负责人具备必要的认知能力，这就与其所接受的教育程度密切相关。已有研究表明教育程度越高，个人信息处理能力更强，更有利于开展创新活动[242]。凯勒研究发现认为项目成员教育程度越高，越能对项目绩效产生正向影响[145]。李秀勋等研究发现，研发人员教育状况对研发项目产出有正向影响[243]。教育程度即通常认为的学历状况，不同学历状况，如博士、硕士、学士分别反映了科研项目负责人拥有与项目研究内容相关知识储量，学术知识不同于科研项目负责人年龄以及工作经历获取的知识，教育程度越高意味着个人拥有更多相关学术知识，从而能够指导并帮助解决在科研项目实施过程中遇到的与科研项目相关的一些技术性问题[244]。基于上述分析，本书提出如下假设并加以验证。

假设1b：科研项目负责人学历与科研项目绩效呈显著的正向影响。

（2）科研项目负责人学术特征对项目绩效的影响。

根据科研项目管理规定，科研项目负责人在申请项目时都必须符合项目申请条件规定的职称要求，这也是科研项目能否获得批准的重要依据，是反映科研项目负责人能否保证科研项目顺利完成并取得成果的基本条件。职称是反映科研人员在科学技术活动中地位的标志，是其工作成就、业务能力与技术水平或学识、智慧、才能的综合反映[245]。科研项目负责人职称级别越高,对完成科研项目质量、论著发表以及专利申请等要求就越高,这样才能更好体现其自身价值。许宏在对医学高校教师科研行为的调查研究发现,职称越高的教师其科研动机越高、态度越积极,从而就越有利于取得科研项目成果[246]。基于上述分析,本书提出以下假设并加以验证。

假设 2a:科研项目负责人职称与科研项目绩效呈显著的正向影响。

伴随着我国改革开放持续深入及加入世界贸易组织,科技资源在促进经济发展中发挥着越来越重要的作用[247]。我国在注重科技财政资源管理的同时,也加大了对科技人力资源的管理,在培养高水平科技人员途径上除了依托国内高等院校之外,培养留学生和吸引海外科技人才等也是重要的途径,从而不断优化了科技人力资源结构,并通过制定各种激励措施鼓励科研人员主持或参与到科研项目的研究工作。相对而言,科研项目负责人曾在国外留学、访问、研究等工作经历,能够使其有机会掌握或直接参与国际前沿领域的研究工作,能够开阔研究思路、提高研究水平[248],并最终影响到其所从事的科研工作,从而产出更多丰硕的科研成果[249]。基于上述分析,本书提出以下假设并加以验证。

假设 2b:科研项目负责人出国留学经历与科研项目绩效呈显著的正向影响。

(3)科研项目负责人社会特征对项目绩效的影响。

随着经济和科技的不断发展,高等院校和科研院所逐渐成为承担科研项目的主要力量,单位规模也在不断增大,组织结构日益复杂,研究质量要求不断提升,尤其是在科研机构管理体制改革不断深入的发展趋势下,需要更多具有较高专业学科背景的管理人员才能有效引领各类研究组织实现目标。在科研工作颇有建树以及具有专业经验丰富、知识面宽、思路开阔的高水平科研人员,逐渐成为高等院校和科研院所的管理队伍的主体力量[250],挑选"双肩挑"管理人员已成为高等院校和科研院所广泛应用的人力资源模式。然而,不可忽视的是"双肩挑"的科研人员存在时间分配冲突、岗位职称推诿、权力运作潜规则等方面的问题[251],易诱发角色冲突,影响其对所属研究领域研究方向把握、业务水平提高以及科研活动开展[252]。基于上述分析,本书提出以下假设。

假设 3a:科研项目负责人担任领导职务与科研项目绩效呈显著的负向影响。

在科研项目实施过程中，科研项目负责人应该发挥领导、指导和支持项目组成员的作用，其在激励项目成员迸发创新性思维的同时，也应具有与开展创新性活动相关联深度和广度的知识[253]。科研项目负责人知识除了来源接受的教育、培训外，承担过科研项目是一个重要来源途径，也是保证后续创新成功的重要组成要素[254]。科研项目负责人承担过科研项目能够拥有如何开展科研项目研究的经验和知识，尽管有时会因为过于熟悉科研项目开展可能会导致更为惯常的绩效[255]，但更多的情况下可能掌握与科研项目相关技术和活动的实践经验，为科研项目创新活动的开展提供所需的机会，从而更有利于科研项目完成。基于上述分析，本书提出以下假设并加以验证。

假设3b：科研项目负责人承担项目经验与科研项目绩效呈显著的正向影响。

6.2.4　科研项目负责人管理控制与项目绩效的关系

控制被视为确保项目顺利实施的重要组成部分，事实上管理控制被视为是取得项目成功的有效工具，管理控制能够保证研发项目团队按照既定目标前进从而避免出现的偏差[264]。已有研究表明项目负责人实施有效的控制机制在项目过程中扮演着至关重要的作用[256]。从项目团队运行来看，其具体负责资源使用的计划和控制，对项目团队而言采用正确的管理技术确保计划、控制以及沟通系统的正常运行非常重要[257]。而控制的观点则强调为了实现团队的目标行为和产出的反馈，项目管理者与团队成员之间的控制关系被认为是确保项目绩效以及团队过程有效的重要因素[98]。项目管理者与控制相关的活动主要包括确定应该做的工作、分配职能任务、安排团队成员任务、通过任务反馈进行业绩指导、与绩效标准对比比较当前任务完成情况以及开展必要的纠正活动[258]。管理者通过监督项目过程是否与计划和预算相违背，从而来提升设计和项目团队执行实施[259]，并通过强调行为和结果反馈以实现团队目标[136]。已有研究表明管理控制对项目管理绩效能够产生积极影响，但也有研究表明认为过多的按照项目计划控制项目实施，能够限制项目团队的创造力[260]。

从管理控制具体两个维度对项目影响的研究来看，过程控制作为管理者企图通过明确和监控的行为来影响项目预期成效的方式，研究者也在项目团队背景下对其效应进行了探讨，在相关文献中没有得到一致性结论。一方面，研究者发现项目完成至少有部分归功于有较好的过程管理，另外诸如阶段过程和质量功能展开等特定过程分析框架都在学术和实践中得以使用，并普遍认为过程控制与项目团队绩效具有正向关系[261]；另一方面，研究认为由于项目尤其是创新性项目的技术和环境具有不确定性和动态性，过程管理转换为项目成功并不现实，因此一些组织领域研究者认为在此环境下依靠正式控制是不合适并且难以达到目的[262,263]。而结果控制作为管理者根据设置的绩效标准和评价结果来影响项目预期成效的方式，从已有项目管理和管理控制的相关文献来看，研究者普遍认为结果控制能够对项目完成产生积极的影响，相关学者也从自我调节项目团队和路径—目标理论等方面进行了探讨，邦纳认为项目早期清晰的绩效目标具有给予信息和激励的效果，而根据详细的项目产出标准管理能够有利于项目的实施和完成[264]。

科研项目是一次性项目，会受到时间、成本等资源条件所限制，其实施的目的是增加知识总量，以及运用这些知识去创造新的应用而进行的系统的、创造性的活动。为此，科研项目负责人为保证科研项目顺利实施以及成果质量，在科研项目实施过程中往往较多采用指导式的领导方式，即项目负责人站在前头指导、激励项目团队成员跟上来[186]，并给予项目成员相对宽松的自主权和创造有利于项目实施的环境。与此同时，科研项目负责人为确保项目成员按照正确的研究方向开展项目研究而实施的管理控制就显得非常重要[12]，其必须在项目目标明确的前提下，清晰地列出项目总体目标和工作范围、分解工作任务、制定质量标准和预算以及进度计划等，以便更有效提高项目资源使用效率和实现项目目标与个人目标相匹配。在当前科研项目管理中，过程和结果控制是科研项目负责人常常采取最主要的管理控制手段。过程控制能够帮助科研项目负责人整合不同有用的观点和需求来影响项目，以确保关键性任务不会被忽略和先后性执行紊乱。然而不可忽视的是，当过程控制过于详细并规定详细开展步骤，项目成员的创造性和创新活动将受到遏制，并将影响项目成员能力的提升[264]。相对而言，结果控制能够帮助科研项目负责人对项目成员个人目标、项目质量管理目标以及项目绩效目标通过合理的手段进行测量，并进行监测对比以保证其不会偏离预期目标，从而能够有利于项目尤其是创新性项目完成。基于上述分析，本书提出以下假设并加以验证。

假设4a：科研项目负责人过程控制与项目绩效呈显著的倒 U 形曲线关系。

假设4b：科研项目负责人结果控制与科研项目绩效呈显著的正向影响。

6.3　研究变量及其度量

（1）科研项目负责人个体特征。

科研项目负责人个体特征主要通过年龄、学历、行政职务、职称、出国经历以及曾经承担项目情况六个方面进行测度。在考虑科研项目负责人的个体特征基础上，尽可能选取能够反映其特征的变量进行测度。具体而言，科研项目负责人年龄取值为样本期的年龄，分别取值为：65 岁以上取值为 5，55～65 岁取值为 4，45～55 岁取值为 3，35～45 岁取值为 2，35 岁以下取值为 1；学历分别取值为：博士取值为 3，硕士为 2，学士为 1，其他为 0；职称分别取值为：教授（研究员）取值为 3，副教授（副研究员）为 2，讲师（助理研究员）为 1，其他为 0；担任学院以上领导的行政职位为 1，否则取值为 0；出国留学经历用科研项目负责人在承担科研项目之前出国与否进行测量，如出国时间超过半年以上则为 1，否则为 0；科研项目承担经验用项目负责人曾经是否承担过科研项目进行测量，如果承担过科研项目则为 1，否则为 0。

（2）管理控制。

管理控制其操作化定义为：通过管理监督团队产出和促进团队行为，从而有效地完成目标。本书采用邦纳、鲁克特和沃克提出的管理控制量表作为测量工具。该量表包含两个维度，即过程控制和结果控制，过程控制是指通过规定和监控团队的行为和活动从而完成希望达成结果的机制；结果控制指用来直接影响希望达成结果的机制，例如，控制包括设置时间完成期限、预算和团队成员需满足的绩效目标。具体各个维度的测量问项，共 6 个问题。测量问题采用通行的 Likert 5 级量表形式，1～5 代表程度从最低到最高，具体量表内容如表 6 - 1 所示。

表 6 – 1   管理控制各维度测量题项

维度	测量项目
过程控制	①根据项目目标指定项目整体过程或步骤 ②决定项目成员工作安排 ③指定项目成员工作过程
结果控制	①为项目成员制定清晰、有计划的目标 ②制定项目质量管理和标准的目标 ③明确提出项目绩效目标

（3）科研项目绩效。

科研项目绩效包括项目成功和项目创新两个维度。本书为确保科研项目绩效测量工具的效度与信度，尽量采用国内外现有文献已使用过的量表，再根据研究的目的加以修改作为搜集实证资料的工具。科研项目绩效具体度量如第 5 章所示，本章不再进行分析和介绍。

（4）控制变量。

在以往研究中已有学者发现依托单位、项目自身的一些基本特征能够对项目绩效产生影响。为了控制上述这些基本特征变量可能会影响研究中核心变量关系，在本研究中，笔者把项目周期（1 = 1 年，2 = 2 年，3 = 3 年）、项目规模（1 = 5 万 ~ 10 万元，2 = 11 万 ~ 20 万元，3 = 21 万元以上）、学科领域（1 = 电子学与信息系统，2 = 计算机科学，3 = 自动化科学，4 = 半导体科学，5 = 光学与电子学）作为控制变量放进统计分析中。

6.4 数据分析与结果

6.4.1 信效度检验

本书中采用 SPSS 15.0 对科研项目绩效、项目负责人管理控制测量变量量表进行信度分析，采用 Lisrel 8.5 软件对测量变量的效度结构进行验证性因素分析。

（1）信度检验和单维度分析。

采用样本中的 CITC 和信度分析方法，进行信度分析。根据 CITC > 0.3 和 Cronbach's α 系数 > 0.7 的标准，测量题项都符合信度检验要求。表中的测量题项与问卷中测量的问题相对应，为了有效把显变量与测量题项进行区分，在表中用如 PC－1 代表项目负责人管理控制第 1 个题项；用如 PM－1 代表科研项目绩效第 1 个题项。科研项目绩效信度分析结果如第 5 章所示，项目负责人管理控制信度分析具体结果，如表 6－2 所示。

从表 6－2 可以看出，管理控制的过程控制维度的两个测量题项的 CITC 值均大于 0.3，整体 Cronbach's α 系数为 0.795，说明测量量表符合信度要求。管理控制的结果控制维度的三个测量题项的 CITC 值均大于 0.3，真题 Cronbach's α 系数为 0.771，说明测量量表符合信度要求。

表 6－2   管理控制的信度检验

变量	维度	题项代号	CITC	删除题项后 Cronbach's α	Cronbach's α
管理控制	过程控制	PC－1	0.490	0.657	0.745
		PC－2	0.543	0.591	
		PC－3	0.537	0.595	
	结果控制	OC－1	0.524	0.618	0.771
		OC－2	0.621	0.588	
		OC－3	0.437	0.711	

（2）内容效度检验。

在科研项目负责人资助和科研项目绩效的内容效度检验与第 5 章方式相同，首先，所有问卷在发放填写时均对被测人员进行了问卷填写的指导，明确告知被测者关于调查的目的、内容，并向被测者承诺问卷内容仅供研究、严格保密；其次，问卷填写过程中通过电话或者电子邮件的方式对被测出现的疑问进行解答和指导，保证被测者对问卷题项的准确理解和回答；最后，在问卷正式使用之前，专门面向科研项目管理机构的员工、管理者、依托单位以及项目获得资助者进行咨询和访谈，就问卷题目表述的清晰性等问题进行了评价和完善。通过以上的方式，可以保证研究问卷具有较好的内容效度。

（3）结构效度检验。

与第 5 章结构效度检验方法相同，本章将在对数据单维度分析的基础上，对变量的结构效度进行检验。

①数据单维度分析。

在进行因素分析之前，必须先确认资料是否有共同因素存在。Bartlett 球度检验，检验的是相关阵是否是单位阵，它表明因子模型是否不合时宜。KMO（Kaiser - Meyer - Olkin）取样适宜性能有偏相关系数反映资料是否使用因子分析。KMO 取值在 0 ~ 1 之间，一般认为，KMO 在 0.9 以上为非常适合，在 0.8 ~ 0.9 之间为很适合，在 0.7 ~ 0.8 之间为适合，在 0.6 ~ 0.7 之间为勉强适合，在 0.5 ~ 0.6 之间为很勉强，在 0.5 以下为不适合，而 Bartlett 球度检验的 P 值显著性概率应该小于或等于显著性水平。具体分析结果如表 6 - 3 所示。

表 6 - 3　　　　　　　　变量的 KMO 值和 Bartlett 球度检验结果

变量	维度	KMO 取样适宜性	Bartlett 球度检验			适宜性
			近似卡方分配	自由度	P 值	
管理控制	过程控制	0.672	364.869	3	0.000	勉强适合
	结果控制	0.632	400.266	3	0.000	勉强适合

通过进行数据单维度分析，考察了变量各个构面及属性的 KMO 值，从单维度分析结果可以看出，管理控制量表的 KMO 值位于 0.6 ~ 0.7 之间，说明这些量表的测量效果一般。而科研项目绩效量表的 KMO 值高于 0.7，说明量表的测量效果适宜本书的研究，具体数值结果如第 5 章所示。

②验证性因子分析。

本书中，管理控制是一个二阶因子，其测量量表一共包含两个维度，共 6 个题项。利用大样本调研数据对其进行验证性因子分析，所得模型及具体参数，如表 6 - 4 和图 6 - 1 所示，其中 e1 ~ e6 为误差变量。

表6-4　　　　　　　　管理控制量表的验证性因子分析结果

因子结构	题项代号	标准化载荷（R）	临界比（C.R.）	R^2	CR	AVE
结果控制	OC-1	0.73		0.533		
	OC-2	0.66	8.98	0.436	0.7607	0.5154
	OC-3	0.76	9.11	0.578		
过程控制	PC-1	0.69		0.476		
	PC-2	0.81	12.68	0.656	0.7817	0.5454
	PC-3	0.71	10.17	0.504		
拟合优度	$\chi^2/df=3.02$	RMSEA=0.058	NNFI=0.97	CFI=0.99	AGFI=0.97	IFI=0.99

　　从表6-4可以看出，验证性因子分析得出的拟合优度指标值均达到建议的标准，说明管理控制变量的测量模型是有效的。各题项在公因子上的标准化载荷系数都大于0.5，两个维度因子各自提取的平均方差（AVE）都超过了0.5的临界值，证明量表整体具备了较好的收敛效度。各题项的R^2都在0.25以上，子量表结构信度系数都大于0.6的下限，说明管理控制量表具备了较好的内部一致性，可用于后续的研究分析。

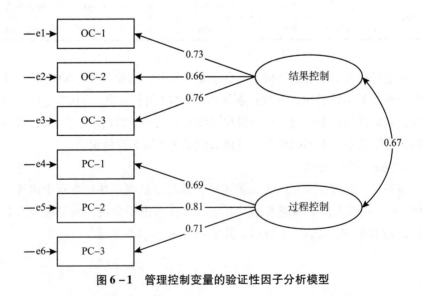

图6-1　管理控制变量的验证性因子分析模型

　　科研项目负责人管理控制变量两个维度之间的区分效度检验结果，如表 6 - 5 所示，表中的对角线上括号内的数值为两个维度 AVE 的平方根，而非对角线上的数值则表示两两维度之间的相关系数值。从表 6 - 5 中可以看出，管理控制各个维度 AVE 的平方根值大于其所在行与列上维度之间的相关系数值，从而进一步证明了管理控制的两个测量维度彼此之间可以有效加以区分。

表 6 - 5　　　　　　　　　管理控制变量各维度之间的区分效度检验结果

变量	结果控制	过程控制
结果控制	(0.718)	—
过程控制	0.67	(0.739)

　　科研项目绩效量表的验证性因子分析结果及区分效度检验结果如第 5 章所示，本章就不再进行分析和介绍了。

6.4.2　描述统计及初步分析

　　对收集样本变量的数据进行描述性统计分析，结果如表 6 - 6 所示。从表中可看出：①根据科研项目负责人年龄特征来看，科研项目负责人年龄跨度较大，平均年龄分布值在 3.5 左右，平均年龄在 51 岁左右，说明获得科学基金面上项目资助需要经过长期相关方面的知识、技术等经验的积累；而从科研项目负责人的教育水平来看，大部分科研项目负责人都具有博士学历，说明当前科学基金面上项目负责人知识和素质越来越高。②从科研项目负责人学术特征职称来看，绝大部分科学基金面上项目负责人都具有高级职称，是科研项目资助的主要获得者，根据职称分布结构形成了"倒金字塔"形；从其出国留学情况来看，超过一半的科学基金面上项目负责人在获得科研项目资助之前曾出国做过访问学者或者留学生，说明了通过出国留学或者访问能够拓展了科研项目负责人视野，有利于科学基金面上项目获取资助。③从科研项目负责人的社会特征来看，在其是否担任领导职务的分析结果来看，科学基金面上项目负责人主要是从事科研和教学工作的专家学者，只有 20% 左右的人担任领导职务；大部分学者以前都没有承担过科学基金面上项目的经验，从另一侧面反映了科学基金面上项目资助的公平性。④科研项目绩效平均得分为4.246，最小值为2.9，最大值为5.0，说明大部分科学基金面上项目负责人认为自己所承担的科学基金面上项目较好地完成了研究任务，科研项目绩效水平较高。

表6-6   变量总体描述性统计

变量名称	均值	中位数	最大值	最小值	标准差
年龄	3.577	3.000	5.000	2.000	0.88739
学历	2.658	3.000	3.000	1.000	0.50248
职称	3.471	4.000	4.000	1.000	0.92188
担任领导职务	0.194	0.000	1.000	0.000	0.39568
出国留学经历	0.526	1.000	1.000	0.000	0.49971
承担项目	0.205	0.000	1.000	0.000	0.40433
过程控制	3.201	3.333	5.000	2.000	0.90045
结果控制	4.043	4.000	5.000	2.330	0.43071
科研项目绩效	4.246	4.183	5.000	2.900	0.40989

6.4.3 假设验证结果

本书考虑到科研项目负责人学历、职称是按照由高到低进行打分，彼此之间未必是等距的[242]，因此采用了最优尺度回归方法进行分析，回归分析结果如表6-7所示。从表6-7中可以看出，科研项目负责人年龄与科研项目绩效呈显著负向影响，而年龄评估与科研项目绩效呈显著正向影响，因此可知科研项目负责人年龄与科研项目绩效呈U形曲线关系，假设1a成立，意味着在35~45岁以及65岁左右年龄段的相对于其他年龄的科研项目负责人能够更好地完成科研项目。从表6-7中也可以发现，科研项目负责人出国留学经历与科研项目绩效呈显著负向影响，说明科研项目负责人出国留学经历不一定有利于科研项目完成，假设2b不成立。

从模型2可以发现，科研项目负责人职称与科研项目绩效呈显著正向影

响，假设 2a 成立，说明科研项目负责人职称越高，其在业务能力、技术水平
和才能等方面具有更多的优势，也能够拥有更多可调配资源，从而更加有利
于科研项目成果产生。从表 6-7 可以看出，科研项目负责人担任领导职务与
科研项目绩效呈显著负向影响，假设 3a 成立。说明科研项目负责人担任领导
职务后，其日常工作中心更多侧重于领导工作，参与其承担科研项目研究的
时间和精力难以保证，从而不利于其专业知识和能力提高，并影响其承担的
科研项目的研究工作开展。科研项目负责人学历以及承担项目经历与科研项
目绩效没有呈现显著性影响，假设 2b 和假设 3b 不成立。

表 6-7 科研项目负责人个体特征、管理控制与项目绩效的多元回归分析

变量		模型 1	模型 2	模型 3
控制变量	项目周期	-0.184	-0.064	-0.026
	学科领域	-0.104 ***	-0.109 ***	0.064 ***
	项目规模	0.119	0.052	-0.066 *
自变量	项目负责人个体特征	年龄		-0.039 **	
		年龄平方		0.065 ***	
		职称		0.095 ***	
		学历		-0.045	
		行政职务		-0.021 **	
		出国留学		-0.039 *	
		承担过项目		0.075	
	管理控制	过程控制			0.326 ***
		过程控制平方			-0.212 ***
		结果控制			0.467 ***
F 值		1.581	1.180	23.290 ***
R^2		0.019	0.036	0.394
Adj - R^2		0.007	0.005	0.377

注：* 表示 P < 0.1；** 表示 P < 0.05；*** 表示 P < 0.01。

从模型 2 可以发现，科研项目负责人职称对科研项目绩效有显著的正向

影响，假设 2a 成立，说明职称越高的科研项目负责人在业务能力、技术水平和才能等方面具有更多的优势，同时拥有更多可调配的资源，从而更加有利于科研项目成果的获得。从表 6-7 可以看出，科研项目负责人担任领导职务对科研项目有显著的负向影响。假设 3a 成立，说明项目负责人担任领导职务后，其日常工作中心多为偏重领导工作，参与研究的时间和精力难以保证，从而影响其专业知识和能力的提高，并最终影响其承担的科研项目的研究工作开展。科研项目负责人学历以及承担项目经历对科研项目绩效没有显著性影响，假设 2b 和假设 3b 不成立。

模型 3 为科研项目负责人管理控制对项目绩效影响的分析结果。回归结果表明，在控制了项目规模、学科领域和项目周期等特征变量后，发现科研项目负责人过程控制与科研项目绩效呈倒 U 形曲线关系，假设 4a 成立，意味着科研项目负责人实施中等程度的过程控制相对于过高或过低能够更有利于完成科研项目。同时也可以发现科研项目负责人结果控制对科研项目绩效的回归系数为 0.467（P < 0.01），显著正向影响。说明科研项目负责人实施的结果控制，能够保证科研项目取得更高水平的绩效。

6.5 结果讨论与启示

6.5.1 科研项目负责人个体特征与项目绩效关系的讨论

国外已有研究表明，项目领导个人特征能够对其承担的研发项目完成产生重要影响，并从理论上认为项目领导的年龄、教育程度以及经历等个体特征对研发项目完成效率及成功是至关重要的[134]。然而纵观国内外相关研究目前关于项目负责人个体特征对项目绩效的研究主要还是从理论层面进行阐述，相关实证研究较为缺乏。本研究通过实证研究结果发现，科研项目负责人年龄与科研项目绩效呈显著的 U 形曲线关系。本书结果从另外一面验证了科研项目负责人处在科学创造的最佳年龄段（35~45 岁）以及接近退休年龄段（65 岁左右）相对于在其他年龄阶段的科研项目负责人能够更好地完成科研项目，保证科研项目成果的数量和质量。研究结果说明在 35~45 岁的科研项目负责人正处于学术发展的承上启下的过程，不仅拥有一定程度的知识积累，而且具有较为丰富的经验以及精力旺盛，能够有利于科研成果的产出；而处在 65 岁左右的科研项目负责人在经过长期的摸索中科研方向相对更为集中，希望通过获取科研项目资助以便继续发挥余热，在获得资助后能够全身投入所承担的科研项目研究工作中。

本书通过实证研究还发现相对于科研项目负责人职称对科研项目绩效有正向影响，而项目负责人出国留学经历特征则呈现负向影响。说明当前国家在制度、经费以及归国后项目申请方面，大力支持科研人员出国留学以及归国后能够获得科研项目资助，以期提高科研人员能力和取得丰硕研究成果，但由于硬软件条件的限制，难以提供足够支撑，以致在有限的时间内难以取得预期研究目标和成果，同时研究结果也可能表明当前科研项目管理机构从短中期评价科研项目绩效评估存在一定弊端，缺乏考虑科研项目的长期效应，具有一定的短视效应，影响了创新性成果的产生。另外与预期理论相同，研究发现科研项目负责人担任领导职务与科研项目绩效呈现显著性负向影响。说明在当前我国科研院所和高校管理干部选拔机制下，选拔优秀科研人员担任管理干部是发展的必然趋势。同时在当前科研资源竞争激烈的情况下，科研人员担任领导职务不仅有利于其获得一定科研资金的资助，而且还能够吸引优秀人才加入其所组建的科研团队，但由于时间分配冲突等原因，科研人员在具体科研项目研究工作中很少直接参与而是由其科研团队成员实施研究，从而影响了获得资助科研项目的完成情况。本书的结果也进一步说明了"双肩挑"科研人员存在的弊端，从实证的角度提供了事实依据，能为进一步高等院校和科研院所去"行政化改革"提供理论依据。

6.5.2 科研项目负责人管理控制与项目绩效关系的讨论

管理控制作为项目管理的重要组成部分，已经被视为是取得项目成功的有效工具，管理控制机制能够保证研发项目团队按照既定目标前进从而避免出现偏差[264]。项目负责人作为项目的直接领导人，除了应该准确掌握项目研究内容和计划，而且应在项目实施过程中能够利用多种管理手段以及相应的管理制度，解决项目成员遇到的各种实际问题，尤其是项目资源限定的情况下，需要根据制订的计划和控制来提高团队使用资源的效率。已有研究表明项目负责人实施有效的控制机制在项目过程中扮演着至关重要的作用。本书通过实证研究结果发现，科研项目负责人过程控制与项目绩效呈倒 U 形曲线关系，而科研项目负责人结果控制对科研项目绩效有显著正向影响。研究结果能够进一步解释国外学者关于管理控制对项目绩效结论难以得出一致性结论，丰富了两者之间关系论述，并且拓宽了研究领域的应用。

从已有相关研究结果以及理论来看，科研项目负责人管理控制能够在项目实施过程中发挥重要作用。通过实证研究发现，科研项目负责人过程控制与项目绩效呈倒 U 形曲线关系，而科研项目负责人结果控制对科研项目绩效有显著正向影响。从科研项目管理具体实际情况来看，在项目前期申请中项目负责人往往组建多样化科研项目团队以创造更有利于获取项目资助的条件，然而由于项目成员在关系取向和任务取向多样化方面的差异，可能导致项目成员彼此之间相互合作动机不足、信息共享程度不高以及反馈不及时等问题，进而影响项目团队的产出，如绩效、满意程度以及任务完成等[265]。而在此过程中如果项目负责人积极介入便能缓和关系和任务取向多样化对项目成员的作用强度[266]，并通过恰当和适时地引导和激励项目成员，能够为科研项目绩效水平的提高创造更有利的条件。然而现实中，科研项目负责人往往承担了多个科研项目甚至担任领导职务即"双肩挑"，存在时间分配冲突、岗位职称推诿等方面的问题，从而易诱发角色冲突，难以直接全身投入到项目研究和管理工作。据此分析，本书的研究建议项目负责人应在已有项目研究内容框架下，一方面，创造更好条件并赋予项目成员相对多的自主性开展研究工作，另一方面，对项目研究过程实施适当管理控制，并建立经常或定期的监督管理机制，同时强化对项目结果管理控制，进而保证研究内容和目标的实现。

6.6 本章小结

本章探讨了科研项目负责人对项目绩效影响的途径，在分析科研项目负责人个体特征、管理控制分别与项目绩效相互关系的基础上，通过理论和实践状况分析，提出了 8 个研究假设。在实证分析方面，采用了信效度检验、相关分析和最优尺度回归分析等方法。在信度检验中对调查问卷的变量进行了 CITC 和信度分析方法，进行信度分析，分析结果表明变量的测量量表具有良好的信度，而在效度检验分析中，主要是分析了变量的结构效度，首先对管理控制和项目绩效进行验证性因素分析，分析结果表明变量测量模型的适配性、CR 以及 AVE 值能够满足要求。在信效度检验完成之后，研究采用最优尺度回归分析方法，验证本书提出的所有假设，回归分析结果表明假设检验结果支持本书提出的部分假设，并对研究结果进行了讨论。

第 7 章

科研项目成员行为整合、即兴创造
与项目绩效关系研究

7.1　研究目标

　　当前科研项目研究的问题越来越新颖和社会化，技术越来越复杂，学科交叉越来越多，以往仅凭个人"单打独斗"已不适合科研发展的趋势，必须以科研团队为项目研究主体即组建一定规模的团队集体研究，才能取得更多丰硕成功[267]。在课题制下确定了以项目负责人为中心的工作团队是科研项目科研活动中最基本的活动单元[18]。科研项目实施的本质是为了增加知识总量，也就是运用原有知识去创造新的应用而进行系统性、创造性的活动，从而也决定了承担科研项目成员不仅需具备专业知识的技能，而且还需要具有解决问题和决策的技能，同时还需要项目成员彼此之间开展有效地互动，才能完成科研项目的预期目标[87]。科研项目作为一种创造性的活动，要求科研项目在选题上具有先进性、新颖性，是别人先前没有提出或者已经提出但没有解决的问题，要在先前在理论上有创新、方法上有进步。为此，科研项目无论是在研究内容还是在研究方法等方面都难以完全在事前明晰，项目成员不能依靠应用常规做法，需要灵活、快速、无准备的反应[268]。

　　在团队理论研究相关文献中，团队互动过程联系团队输入和输出，处于中心位置并被视为是影响团队结果与产出的重要因素[189]。从现有项目团队互动过程研究来看，已有研究虽然从互动过程的不同角度探讨了项目成员互动过程对项目绩效的影响[142,145,146]，然而其主要聚焦于任务导向或社会导向互动过程，较少综合两者考虑，尤其是较少在复杂和不确定性项目的背景下进行探讨[268]。已有学者认为在知识经济下的组织或团队，组织的运作能够通过创造力的运用，以更好地面对环境变化[269]。相对于一般项目，创新性项目完成过程中由于没有经验参照以及需要灵活、快速和即兴的反应，因而往往即兴创造显得更为重要[270]。大量关于项目管理领域的研究强调了项目管理背景下即兴创造对项目完成的重要性，并从理论上进行论述[190,271]，认为创新性项目更需要即兴创造，但囿于相关研究正处于起步阶段[270]，采用实证研究方法探讨即兴创造对项目绩效影响的机制及途径研究相对匮乏，尤其是把项目团队互动过程与即兴创造结合起来探讨更为鲜见。

为此，本章将在科研项目实施背景下，根据第 3 章提出的科研项目绩效影响分析框架，聚焦于项目团队层面，首次引入行为整合来描述一般性项目团队成员互动过程，并探讨其与即兴创造共同作用对项目绩效的影响，寻找项目团队层面影响科研项目绩效的途径。首先，在回顾已有研究的基础上，从理论上分析科研项目成员行为整合、即兴创造与项目绩效之间的关系，提出了相应的理论假设；其次，在考虑项目具有可比性的前提下，选取 NSFC 信息科学学部的科学基金面上项目作为分析对象，根据收集的调查问卷相关数据，验证项目成员行为整合、即兴创造如何影响项目绩效及其途径；最后，根据实证研究的结论提供建议，为进一步从项目团队层面完善科研项目管理和提高科研项目绩效提供理论参考。

7.2 研究假设

7.2.1 行为整合

（1）行为整合（behavioral integration）的定义及内容。

从近 20 年来看，高层梯队理论研究受到越来越多学者的广泛关注，从其研究内容来看大致可以分为两个阶段，第一阶段主要是围绕高层管理团队成员人口统计特征分析对团队或组织绩效的影响，但忽略了高层管理团队成员人口特征如何影响团队或组织绩效的理论解释；第二阶段主要是在 1990 年后期到 21 世纪初，高层管理团队开始逐渐重视团队互动过程发挥的中介作用，强调团队过程在团队研究中的重要性，并先后针对高层管理团队互动过程的沟通、冲突、合作、决策和凝聚力等方面开展研究，分别证实了上述不同过程变量能够对团队产出产生影响。然而由于团队互动过程是一个"黑盒子"，难以简单地进行概括[272]，团队动态核心组成及其团队产出的影响仍然不是很清楚[273]。不清楚的原因可能是由于人类互动过程的复杂性和相互交织的属性引发的，因此需要一个涵盖和多维度的结构来描述团队互动过程[274]。

为此，汉布里克提出了行为整合概念，定义行为整合是描述高层管理团队社会和任务相关过程的团队整体能力的相对综合的属性。同时，将行为整合界定为多元构建，提出其由合作行为程度、信息交互数量和质量以及参与决策制定三个核心要素构成。行为整合理论的提出不仅描述了团队运作的整体性概念，也反映了团队管理内部关系的能力，共同反映了团队进行相互交流和互动的程度。从行为整合概念的提出可知，主要是针对高层管理团队内部运作过程而言，是否适合一般工作团队并反映内部运作过程？在回答这个问题之前应该先明晰作为描述高层管理团队行为整合的内容及结构。

汉布里克认为行为整合描述了团队过程不同组成部分，包含超过内部交流和交流质量等内容[274]，并认为行为整合主要由三个组成部分构成：信息交互的数量和质量、合作行为和参与决策，其中，合作行为是指团队成员之间的合作互助，愿意相互帮助等行为；信息共享是团队成员之间能够充分地分享相关信息；决策参与是团队成员能够经常相互讨论关于问题的看法。在汉布里克所提出行为整合的三个方面内容基础上，希姆塞克、韦加和卢巴特金等进一步区分了上述三部分内容，认为行为整合由一个社会维度（social dimension）（合作行为）和两个工作维度（task dimensions）（团队信息交互的数量和质量以及参与决策）构成[275]。他们相信上述两个维度是相互强化的过程，从而比单个维度能够更好地反映团队整理的效果。而且认为行为整合能够随着社会整合和其关键情感维度—凝聚力共变，但又在概念和操作方面存在差异；以及行为整合能够反映高层团队主要的过程，其不仅包括反映高层团队社会和情感倾向，而且能够反映团队任务和行为倾向。

　　台湾地区学者邱家彦系统的整理了行为整合维度之间相互关系图，如图 7-1 所示，从更加微观的角度来理解行为整合的内容结构。首先，认为行为整合的社会维度与社会整合有所相似，都强调了凝聚力所产生的影响，即团队成员相互吸引、认可和合作带来的影响，通常来说在凝聚力高的团队，成员相互吸引程度也高，更倾向愿意和其他成员合作完成工作或任务，进而会产生相互依赖的行为。所以行为整合中社会维度的合作内容包含了凝聚力和相互依赖的团队特征；其次，由于凝聚力对团队运作的影响不总是积极的，主要是因为在高凝聚力下团队成员弃事实真相于不顾导致迷思，以及要维持团队的和谐而避免冲突，从而间接影响了团队决策的品质，所以有必要在分析团队运作过程时加入任务构面。任何一个团队都有既定的目标，团队成员共同为这一目标所服务，并在实施过程应相互沟通以及共同决定如何实现目标。因此这时与目标相关的信息交换显得尤其重要，需要团队成员间进行及时沟通，同时也需要团队成员共同参与对目标完成的决策，以便能够及时采用最适合的方法完成。所以任务维度包含了共同目标、沟通协调和参与决策的团队特征[276]。

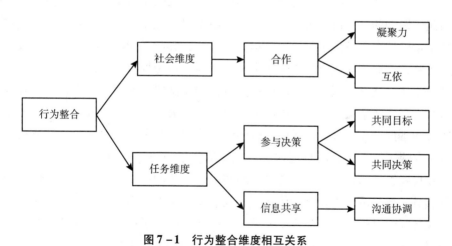

图 7-1　行为整合维度相互关系

资料来源：邱家彦. 转换型领导、团队异质性及团队冲突与团队学习关系之探讨：团队行为整合之中介角色 [D]. 台湾：台湾中山大学，2005.

　　从上述三位研究者给出行为整合内容来看，行为整合是描述团队运作的整体性概念，不仅反映了社会情感行为和任务行为，如凝聚力和合作等，也反映了团队管理内部关系的基本能力。为此，一些学者发现行为整合为团队运作过程提供了一个反映构建团队的关键过程，透过行为整合将原来静态的团体变成了动态的团队，真正提高了团队性[275]。

行为整合是汉布里克针对高层管理团队提出来的，是否能够应用于一般性团队呢？为分析其适用性，首先，需要从高层管理团队的基本特征入手，高层管理团队（TMT）由五个核心要素组成，即构成、过程、结构、激励和领导者[274]，其中，构成是指团队成员的人口统计特征；结构是指团队成员的角色和角色之间的关系；激励是指团队成员的薪酬约定和职业发展；过程是指组成团队内部的沟通流程、社会政治互动和行为方式；团队领导是反映领导的性格、认知方式和价值观等方面。而一般认为一般性团队由五个要素构成：目标、人员、定位、计划和权限，也即团队成员拥有共同的目标，各自拥有专业的技能，相互支持对方以及沟通协调彼此之间的活动以完成目标。因此，一般性的团队特征反映团队的基本特征，是各种类型团队的基础，而高层管理团队作为团队中的一种类型，符合一般团队的基本属性，从该角度来看行为整合能够使用一般性团队。

其次，从研究高层管理团队具体运作及效果的角度来看，主要是从环境对组织影响的角度进行研究。基于以往组织对环境不适应的背景下，造成这种不适应性多半是由于领导团队运作不顺畅，影响了团队合作、沟通以及自主决策，进而也造成组织在绩效水平上不高，作为拥有组织最高权力的高层领导团队，其对组织的影响往往被一般性的团队要大许多。然而在当今强调自我管理团队情况下，组织内部的一般团队也需要对组织绩效所负责，需要监督和掌握工作的进度，强调团队的问题解决能力和共同决策，这些方面也直接反映了行为整合的相关内容，能够适合于一般工作团队[277]。另外，由于在自我管理团队中，不再视自己的同事为一般的同僚，而是共同合作的团队成员，故成员间需要交换信息，并及时获得反馈，以此不断改进工作以期完成共同的目标。从这个角度来看，行为整合提供了一个整体性的内容来反映团队具体合作、信息共享等，故能够适应于一般性团队。

综合上述分析来看，虽然行为整合是基于高层管理团队背景下提出来的，但从团队的基本特征和运作过程来看，行为整合能够适用于一般性团队，其反映的内容基本上从整体的角度检查团队互动过程，同时又能够通过透视上述内容提升团队行为整合，进而提高一般性团队工作完成的情况和绩效。

（2）行为整合的效应。

行为整合作为团队管理研究中的一个新领域，虽然在 20 世纪 90 年代中期就提出，但后续主要是进行理论层面探讨其作用，如汉布里克认为行为整合的构成能够在研究高层管理团队人口特征和组织产出的关系起到调节作用[274]。行为整合研究真正受学者广泛关注并开始实证研究，始于希姆塞克等提出基于多层面的高层团队行为整合决定因素的研究，其研究主要从多个层面分别探讨行为整合可能的前置因素。在此基础上，学者也开始逐渐关注行为整合可能产生的效应以及其他方面的研究[275]。

围绕行为整合可能产生的效应，学者也开展了一些研究，从研究来看主要在高管团队背景下探讨其对团队或组织的工作完成和绩效等产生的影响。如卡尔梅利和舒布洛克针对当前高层管理团队研究主要是集中在团队成员特征对组织产出的影响，而较少的从团队运作角度进行分析其产生的影响，检查了团队行为整合对战略决策的影响，发现更高的行为整合能够带来更好的质量战略决策[278]；卢巴特金、西梅克和林等在研究中小企业战略模糊性对企业绩效的影响中，通过引入高层管理团队行为整合，发现行为整合能够积极影响战略模糊性，进而对企业绩效产生积极影响[279]；李海阳在分析团队能力的两个基本过程即团队理解力和团队行为整合对组织产出的影响，通过收集中国新技术新企业的数据，研究发现行为整合对新技术新企业的成长、市场占有率以及新企业产品创新强度具有积极的影响[280]。

除了研究行为整合对团队或组织产出的影响之外，一些学者研究行为整合与团队其他相关变量共同作用产生的影响，如文、罗格斯和贝沙拉等研究了开放交流、参与和冲突解决的整合方法在分析员工认知多样性和组织绩效的过程中的调节作用，发现整合相互作用的方法对员工多样化与诊所收入、生产力和病人满意能够产生积极影响[281]。索尔丹和鲍耶研究认为团队多样化对行为整合和绩效具有调节作用，并通过面向由商学院硕士研究生构成的 165 个工作项目团队发放问卷调查进行实证研究，结果表明：进一步证明了希姆塞克等研究得出的行为整合与绩效存在积极的关系；而从性别、年龄和种族方面分析多样化对行为整合与绩效关系的调节效应并没有得到验证，主要原因是多样化主要集中在人口特征变量方面，缺乏从任务相关多样化角度进行分析[282]。

高层管理团队行为研究随着时代发展和管理变革需求得到快速发展，我国学者也在该领域进行了一些研究的探索，在基于中国背景下的高层管理团队行为研究，无论是在研究内容还是在研究方法方面都产生了一系列的研究突破，如介绍并探讨行为整合的构成和分析框架[283,284]、行为整合前置因素[285]以及行为整合对技术创新绩效的影响[286]，等等。但总体上看，我国行为整合的研究尚处于初步阶段，而国外的研究则相对更加深入细致而且涉及的团队类项更多，国外近年来研究主要集中在关注不同类型团队行为整合的研究、行为整合与其他行为变量之间相互关系研究、行为整合与团队结果和任务完成的相关研究等，并陆续开展了一些实证研究，然而围于行为整合研究刚刚兴起，有关行为整合的研究仍然有待于拓展和深化。

7.2.2 即兴创造

（1）即兴创造（improvisation）的定义。

即兴创造一词起源于爵士乐和剧场表演，爵士乐表演者做管理者希望他们做的事情，即在没有规定的计划和确定的产出下，编造和创造新颖的回应[287]。随着即兴创造这一术语被引入组织研究领域，逐渐受到学者们的广泛关注。库尼亚和卡莫赫回顾了组织领域即兴创造研究的相关文献，把组织领域即兴创造的发展历史分为三个阶段：基于组织背景引入即兴创造；组织即兴创造正式定义和特征；爵士乐表演的即兴创造[271]。在各个研究时期不同学者从管理学的角度对即兴创造这一概念给出了不同的界定，详见表7-1。

从上述研究者对即兴创造的定义途径来看，主要从两个方面形成：一是通过对爵士乐理论的挖掘；二是为了研究的便利，使用爵士乐的即兴创造定义[271]。不同领域的学者从领域的角度对即兴创造进行了定义，如组织学习、新产品开发、创新、项目和团队管理等，也提供了相关理论框架以明晰即兴创造，但总体来说学者对即兴创造的定义还未形成一个统一的界定。而从学者给出的即兴创造定义来看，这些定义普遍倾向于融合即兴创造规定性和描述性的要素，而描述性要素主要是借鉴艺术即兴创造效果和表演质量的描述[288]，而魏克和曼贝尔创造效果和表演质量往往取决于自发性和创造性两个基本描述性要素[293,330]。因此，维拉和克罗森定义即兴创造为采用新的方法完成目标的创造性和自发性的过程，该定义强调了即兴创造的自发性过程即即兴创造是无准备的、临时的以及创造过程即寻找创新性和有用的行动[288]。本书的研究也将采用维拉和克罗森给出的定义，用于主要描述集体层面的即兴创造。

表 7-1 国外有关即兴创造定义的汇总

研究者	年份	对即兴创造的定义	研究领域
曼格姆 （Mangham）	1986	是在没有准备和遵守规则前提下的行动	管理
巴斯蒂恩和赫斯泰格 （Bastien & Hostager）	1988	是在意识到群体绩效的前提下，个体产生、采纳和执行新的主意	组织创新
佩里 （Perry）	1991	是非常时刻同时产生构想和执行战略	战略
克罗斯等 （Crossan et al.）	1996	是做决策和适应需求和环境的改变，以及在没有计划下出现新的主意和创新的方法	战略
威克 （Weick）	1996	是构想和实施的同时发生	管理
卡莫什和库尼亚 （Kamoche & Cunha）	1998	是创造和执行的同时出现	产品创新
巴雷特 （Barret）	1998	是在无规定计划和确定记过的条件下构建和产生新颖的响应	管理
穆尔曼和迈纳 （Moorman & Miner）	1998	是在时间上一项行动组成和执行的收敛程度[289]	组织记忆
库尼亚等 （Cunha et al.）	1999	是通过获取可利用原材料、情感和社会资源以开展行动	管理
迈纳等 （Miner et al.）	2001	是在设计和执行新产品中深思熟虑和物质的合并[290]	新产品研发
门东卡和威廉 （Mendonca & William）	2007	是指在特定的表演条件下，通过未预期思想产生、变化和改变来改编原有构成的材料和思想，从而增加了创造的独特性特征[291]	危机管理
维拉和克罗森 （Vera & Crossan）	2005	即兴创造是为采用新的方法完成目标的创造性和自发性的过程[288]	团队管理
利伯恩 （Leybourne）	2006	是与随着时间发展为响应环境暗示和刺激而相关的想法和行动[292]	项目管理
马格尼等 （Magni et al.）	2008	在管理无预期事件中的创造性和自发性行为	管理

在早期研究中，即兴创造经常用于描述个人层面的实施，例如，威克虽然也考虑组织层面的即兴创造，但主要还是用于特别的个人层面，如消防队员救火等。然而一些艺术和组织即兴创造也开始逐渐关注集体层面的即兴创造发生[289]，同时也有在艺术、运动和组织生活的相关证据使研究者推断集体即兴创造超过单个即兴创造总和的作用，因为个体之间的联合活动能够创造集体系统的即兴创造行动[289,293]。这里需要解释的是上述关于集体层面的即兴创造是针对组织层面的分析，而一些研究者把组织层面即兴创造视为大规模团队即兴创造，根据此含义来看团队层面的即兴创造是组织即兴创造的缩影，从这个意义来说团队层面的即兴创造是组织即兴创造的必要构成要素[288]，聚焦于团队层面能够有利于清晰分析集体即兴创造。

即兴创造不是描述一种现象，其拥有自己的结构和内容，以便能够与其他相关的现象相区别[289]。研究者认为即兴创造能够勾画出理论丰富并可测量的结构，一些学者也开展了相关研究，主要从即兴创造的定义作为出发点，针对集体即兴创造表述的内容和构成进行了分析，以期更好地了解集体即兴创造形成的机理和作用机制。穆尔曼和迈纳较早开始关注组织即兴创造内容和构成的研究，认为即兴创造不是描述一个观察的现象，而是具有正式的结构，认为当即兴创造发生时也许可能会出现直觉、创造和自我实施等方面活动特征，并作为反映即兴创造结构的三个方面[289]；迈纳、巴索夫和穆尔曼扩展了穆尔曼和迈纳的研究，认为即兴创造还包括其他四个方面的结构：适应、压缩、创新和学习[290]；利伯恩在比较即兴创造和敏捷项目管理的异同点，在分析现有关于项目工作中即兴创造的相关文献，系统地指出了即兴创造的内容结构以及可能的应用，其主要基于穆尔曼和迈纳两位学者的研究成果，确定了项目工作中的即兴创造包括 7 个结构，即直觉、自我实施、创造力、适应、压缩、创新和学习，具体如表 7-2 所示。

表 7-2 利伯恩关于即兴创造结构的研究

组成	定义	应用于即兴创造
直觉	在没有正式分析的情况下通过个人分析和设想作出选择[331]（克罗森和索伦蒂）	直觉是即兴创造的一部分，但在没有直接分析情况下即兴创造能发生
自我实施	利用手边的原材料实施[293]（列维·斯特劳斯、威克）	由于在时间的需求下，不允许安排其他资源，因此即兴创造通常使用自我实施

续表

组成	定义	应用于即兴创造
创造力	有意新奇或者与通常实践相背离（安贝儿）	即兴创造需要创造力的元素，但创造力不一定产生创新
适应	系统调整以外部环境（坎贝尔、斯泰恩）	适应能够发生与即兴创造之外，并经常运用于现在或者以前常规的创新情况，不是所有即兴创造具有适应性
压缩	为减少时间花费在完成每个和总体过程上，而简化和缩短步骤（艾森哈、塔布里兹）	经常出现在即兴创造中，以为了减少时间或弥补时间问题
创新	与存在实践或者知识相背离[332]（萨尔特曼、邓肯和霍尔贝克；文和波莉）	创新可计划或突发，尽管即兴创造包含创新，但不是所有创新都是即兴创造
学习	经历了解行为或知识的系统改变（阿歌特）	即兴创造是一种特别的学习，但也可以通过别的方法学习组织已有的经验

　　综合上述研究者对即兴创造内容和结构的理解，即兴创造是一个反映多维内容构建，能够反映直觉、自我实施、创造力、适应、压缩、创新和学习等方面的内容。伴随着学者们研究的深入，需要从更高的层面理解即兴创造，如即兴创造不是描述一种现象，而是拥有自己的结构和内容[289]，属于组织或团队行为的一种，是一个较为综合性的概念。本书研究是聚焦于集体层面的即兴创造，主要是从团队的角度分析即兴创造，认为即兴创造是在规定时间和资源的情况下，能够有效完成不确定性项目的重要手段。

　　（2）即兴创造的效应。

　　随着即兴创造在管理领域中的更多应用，学者们也开始研究即兴创造可能产生的效应。库尼亚等系统的总结了相关文献，认为即兴创造一方面既能够产生积极的产出，如灵活性、学习、动机和情感产出等，另一方面也能够导致消极产出，如倾向性学习、机会陷阱、扩大紧急行动、过分依靠即兴创造和增加焦虑[190]，这些积极或消极的产出能够对组织或团队承担的任务完成等方面产生不同的影响。如维拉和克罗森研究了如何培养在提高和影响即兴创造效果的作用，主要针对即兴创造妨碍管理者了解如何发展即兴创造能力的两个微观方面的观点进行分析，第一方面是自发性方面被过分强调重要；第二个方面是假设即兴创造能够引起积极的绩效。通过实证研究发现，即兴创造在团队和背景调节因素下对团队创新有积极影响[288]。

在项目管理中尤其是在项目临近结束，以及由预算将耗尽或者项目完成期限将至，自我实施将发挥作用，因此即兴创造在项目领域发挥着越来越重要的作用。根斯勒和哈夫恩在通过对对跨国公司的网络应用设计和执行的长期研究，在采用场景视角分析其动态过程，发现即兴创造在信息系统研发项目扮演着重要的作用[294]。相关学者也针对即兴创造是否会影响项目成功展开了实证研究，如利伯恩和萨德勒·史密斯认为即兴创造是一般和具体项目管理的重要方面，并基于项目管理背景，构建了项目管理者直觉决策行为、即兴创造使用与项目产出之间的关系模型，通过采用横截面调查获取的 163 个样本，采用中介多元回归分析方法进行验证，研究结果表明即兴创造对项目产出的关系没有得到验证[292]；萨姆拉、林恩和赖利通过面上 392 个 NPD 项目管理者发放问卷，调查项目团队在项目生命周期采用分阶段过程、即兴创造与项目完成的关系，研究发现即兴创造对项目成功具有显著性影响[295]；等等。上述可能由于研究对象或研究设计不同，探索即兴创造与项目完成之间关系并没有得出一致性结论，但也为后续研究者研究项目完成或产出提供了一条有效的路径。

随着对即兴创造理论和应用的不断发展，国外研究者逐渐开始在项目管理领域开展即兴创造的相关研究。但由于即兴创造在组织或团队方面的应用仍需要基础结构或框架以及技术和知识，因此从整体上看即兴创造在项目管理方面的研究仍处于初步阶段。已有项目管理文献中即兴创造相关研究仍很少引起注意[270]，一些研究者如在相关研究中从理论上提到即兴创造能够应用于项目研究[296]，但进入 21 世纪以来，基于项目工作的即兴创造已经得到一些学者重视，并进行了一些论证[292,297]。从国外关于即兴创造研究采用的研究方法来看，由于目前该理论仍然处于发展阶段，因此大部分学者采用的规范性研究方法，较少开展实证研究。此外，从研究内容来看关于即兴创造产生效应的研究仍然有待于拓展。

7.2.3　科研项目成员行为整合、即兴创造与项目绩效的关系

（1）科研项目成员行为整合对项目绩效的影响。

行为整合作为描述团队社会和任务相关过程的团队整体能力相对综合的属性，能够包含以前分别代表团队单一过程的基本元素，其由合作行为程度、

信息交互数量和质量以及参与决策制定三个核心要素构成[274]。已有研究表明当面对更加复杂和困难的情况下，更加开放和合作的工作团队能够产生更高积极的绩效产出。穆尼和索尼菲尔德认为行为整合也许能够导致团队成员更加具有凝聚力从而使他们形成一个独特和共享的思维方式，如此的思维方式能够使他们的行动不像个人而更加像团队，行为整合可能会使团队成员更加倾向于同样思考和同意的最佳行动方式[298]，尤其是在创新性和不确定性的条件下，团队成员需要更加缜密的考虑和讨论以便做出更好的决定。当团队成员之间具有较高的信任程度时，行为整合能够降低任务冲突的发生[256]，并对团队承担任务完成情况产生影响[282]。卡尔梅利和舒布洛克采用实证的方法研究发现行为整合对团队或组织的工作完成和绩效能产生积极影响。

当前科研项目存在一种不可轻视的现象，即项目负责人在获得科研项目资助后，一些项目负责人把项目经费和研究内容进行简单分派以后就听之任之。进而间接导致科研项目成员相互之间较少沟通和来往，甚至各行其是，致使在科研项目结束后通过成果拼凑来交差，严重影响了科研项目成果的数量和质量[87]。由此看来，虽然科研项目负责人在申请项目时选择具有多样化的学历和知识结构的成员参与，但仍需他们在项目实施过程中积极开展合作、交流以及信息共享等互动行为，以保证项目顺利完成。科研项目成员往往由项目负责人挑选的来自不同背景、不同领域的研究人员组成，其科研目标任务相对来说较为明确，高效的项目团队需要团队成员相互协作，避免由于背景和观念等因素引起的成员之间不愿意合作、沟通，甚至是激烈的冲突。而项目成员良好的互动过程是项目成员之间能及时地互通有无、共享资源，及时地解决项目实施过程中出现的问题，以及及时地协调团队成员之间的任务进度，从而保证科研项目任务及时、高效地完成。

结合上述分析，可以得出以下的研究假设：

假设 1：科研项目成员行为整合对项目绩效有显著的正向影响。

（2）科研项目成员行为整合对即兴创造的影响。

即兴创造的产生需建立在情感因素的基础上，如信任、尊重和相互支持，尽管团队成员可能在缺少信任和尊重的情况下，由于团队成员知道如何相互支持规避风险，即兴创造也可能产生[190]。但团队成员的信任能够强化即兴创造过程中完成目标的信仰，同时有利于团队成员之间的相互合作。而且团队成员之间发生的相互合作行为被视为更高程度的行为整合，以往团队创新的相关研究已经提到合作交流是团队创新过程高水平参与的重要方面[299]。团队行为整合其中一个特征是成员之间开放和及时的信息进行信息交换，允许团队成员有机会获得有价值的信息、知识和相互补充的技能。团队成员如果合作效果好、拥有实时信息[300]，在团队成员面临不确定性问题需要快速行动时，他们能够处于一个更有利的位置，有利于即兴创造的产生[271,289]。因此，行为整合能够为团队成员提供更多完整的信息，而且如果在允许成员彼此之间进行交互的情况下，行为整合也允许团队成员在短时期内开展更多的信息交换以获得相关信息[185]，从而为即兴创造提供了基础。同时团队成员通过行为整合能够获得不同行动过程更多及时的反馈[289]，因此能够提高决策取择和相关结果的察觉，通过持续的察觉、潜在的取择能够提供团队成员反应的速度和满足环境的需求[50]。马格尼等在信息系统开发项目背景下，采用实证的方法探讨了团队行为整合与个人即兴创造之间的关系，发现团队行为整合积极影响个人即兴创造[268]。

科研项目作为项目的一种类型，除了满足和具备一般项目的条件和特点外，还具有一种特殊的本质属性即创造性或者说创新性[15]。科研团队成员是项目创造性或者创新性的具体实践者，要求科研项目团队成员运用创造性思维，在外部支持、激励以及组织内部的有效运作下，从事创造性的行为，能够不断追求创新，提高自身创造新事物的能力。同时科研团队成员互动行为又受到科研项目的一般特征所影响，如科研项目具有创造性的特殊特征属性决定了其具有更多的不确定性，因此无论是在时间进度、成本预算以及质量都很难把握，加之在执行中存在许多不确定因素，其产生的结果也往往难以预料和不可预见[88]。因此，在科研项目实施过程中，往往需要团队成员相互之间具有良好的沟通交流、信息共享才能有效地为成员开展快速的创造性行动提供条件。尤其是当科研项目面临新的不确定性条件时，团队成员能够知道谁有拥有知识或技能对科研项目有帮助，同时随着团队成员一起顺利工作能力的形成，他们能够持续相互适应和配合，将有利于彼此之间合作，从而降低计划的需求，以及产生误解和混乱[301]。

结合上述的分析，可以得出以下的研究假设：

假设2：科研项目成员行为整合对即兴创造有显著的正向影响。

（3）科研项目成员即兴创造对项目绩效的影响。

从以往项目管理文献的内容来看，较多反映的是计划规范模式的缩影，然而在近 10 年改变已经发生，朝着更多地强调行为和聚焦即兴创造发展[270]。在项目实施过程中，项目成员经常意识到工作方式与项目计划明显偏离的变化，但没有意识到他们正在即兴创造，如果参与意识到引起偏离的原因，可能允许即兴创造发生从而能够快速解决突发事件，而不是寻找一个实现项目任务和活动更有效的方法[270]。国外研究者认为在项目管理中尤其是在项目临近结束，以及由预算将耗尽或者项目完成期限将至时自我实施将发挥作用，因此即兴创造在项目领域发挥着越来越重要的作用[268]。相关学者也针对即兴创造是否会影响项目成功展开了实证研究，尽管一些研究结论难以得出一致性结论。如利伯恩和萨德勒·史密斯通过采用横截面调查获取英国项目管理委员会（APM）的 163 个样本，采用中介多元回归分析方法进行验证，研究结果表明即兴创造对项目产出没有影响；而萨姆拉、林恩和赖利通过面向 392 个 NPD 项目管理者发放问卷，研究结果发现即兴创造对项目成功具有显著性的影响。尽管这些研究发现难以得出统一的结论，可能是因为上述研究是基于不同类型项目背景下开展的研究，而项目类型的差异可能会导致研究结果不一致[295]。

已有研究者认为即兴创造与不确定性项目尤其相关，主要是由于不确定性项目不能够完全在事前明晰，也不能依靠采用常规做法，需要做出灵活、快速、无准备的反应[268]。科研项目本质属性在于创新性，更多地强调研究成员创造力提升以及创新性成果产生，其目的在于探索未知，解决尚未解决的问题，寻求解决问题的新途径和方法，是一种创新性活动[87]。因此，科研项目无论是在研究内容还是在研究方法等方面都难以完全在事先得到明晰，不能依靠和应用常规做法，在方法选择以及问题解决方面都需要灵活、快速、无准备的反应[268]。尤其是在科研项目管理中强调时间、成本和创新等方面约束条件下，项目成员需要更加快速、灵活的反应以有效解决项目遇到各种问题，因此项目成员采用即兴创造经常发生在科研项目实施过程中，进而将对科研项目的完成发挥着至关重要的作用。

结合上述的分析，可以得出以下研究假设：

假设 3：科研项目成员即兴创造对项目绩效有显著的正向影响。

（4）科研项目成员即兴创造对行为整合与项目绩效关系的作用。

即兴创造是为采用新的方法完成目标的创造性和自发性的过程，是无准备的、临时的以及创造过程即寻找创新性和有用的行动[288]。即兴创造属于组织或团队行为的一种，通过产生更好的想法或方法以便更好完成其承担的任务，因此可以视其为一种重要的团队行为活动，是团队互动过程中的一个重要方面。已有对即兴创造的相关研究中，学者已经指出了即兴创造受到一些前置因素影响，同时也能影响一些后置因素。维拉和克罗森认为团队人力资源结构、实践、经验、知识和合作，这些要素都能够影响他们即兴创造的过程，而且团队即兴创造也被团队特征（如凝聚力）、团队动态（如沟通）、团队和组织中的背景因素（如文化）等所影响[288]。库尼亚等也认为成员特征（如多样化、技能、创造力和情感处置）、信息流等能够影响即兴创造的质量和程度[271]。而一些学者在项目背景下分析即兴创造对项目完成的关系，发现即兴创造对项目成功具有显著性影响[140,295]。在项目实施过程中，即兴创造的产生不仅需要利用规定的时间和资源，而且还需要团队成员不断地进行互动，通过内部作用相互配合影响隐性知识转为系统的知识资源。因此，在已有团队成员结构的基础上，通过团队成员的互动过程，能够推动团队成员的即兴创造行为，从而创造有利于科研项目创新性知识产生的条件，进而能够保证科研项目顺利完成。

结合上述的分析，可以得出以下的研究假设：

假设4：科研项目成员即兴创造在行为整合与项目绩效关系中起到了中介效应。

为此，根据上述对前人研究工作的总结，结合科研项目管理实际状况，本书确定科研项目成员行为整合、即兴创造与项目绩效关系的研究框架，如图7-2所示。

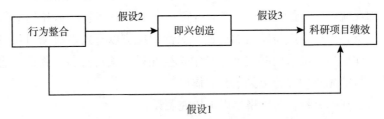

图7-2　科研项目成员行为整合、即兴创造与项目绩效关系研究框架

7.3 研究变量及其度量

（1）行为整合。

行为整合的操作化定义为：团队成员进行互助和集体合作的程度[274]。研究采用卡尔梅利和舒布洛克开发出的行为整合量表作为测量工具。该量表包含三个维度：相互合作、信息交换与决策参与。合作行为是指团队成员之间的合作互助、愿意相互帮助等行为；信息共享是团队成员之间能够充分地分享相关信息；决策参与是团队成员能够经常相互讨论关于问题的看法。具体各个维度的测量题项，共 9 个问题。测量问题采用通行的 Likert 5 级量表形式，1~5 代表程度从最低到最高，具体量表内容如表 7 - 3 所示。

表 7 - 3　　　　　　　　　　　行为整合各维度测量题项

维度	测量项目
相互合作	①当项目某个成员工作忙碌时，其他成员会自愿帮忙分担工作 ②项目成员愿意相互帮忙，使项目在期限内完成 ③为了让彼此更容易完成工作，项目成员会灵活改变工作职责
信息交换	④项目成员相互交换信息的频率相当高 ⑤项目成员相互交换的信息，相当有创意和创新性 ⑥项目成员相互交换的信息，往往有助于问题解决
决策参与	⑦当项目成员所采取的行动可能影响其他成员的工作时，他们通常会告知对方 ⑧项目成员清楚地了解项目和项目其他成员存在的问题 ⑨项目成员能够经常讨论彼此对工作进展的期望

（2）即兴创造。

即兴创造的操作化定义为：为采用新的方法完成目标的创造性和自发性的过程。本书采用维拉和克罗森提出的团队即兴创造量表作为测量工具[288]。该测量共有 7 个测量题项。分别包括应对未曾预料问题、想法付诸行动、快速反应突如其来的问题、尝试新方法解决问题、为新方法提供机会、承担新方法产生的风险和研究工作具有独创性。测量问题采用通行的

Likert 5 级量表形式，1~5 代表程度从最低到最高，具体量表内容如表 7 – 4 所示。

表7 –4　　　　　　　　即兴创造各维度测量题项

测量项目
①项目成员能够从容应对研究计划中未曾预料的问题
②项目成员能够把想到的付诸行动
③项目成员能够对研究中出现突如其来的问题快速反应
④项目成员能够尝试新方法解决研究问题
⑤项目成员能够为新的解决方法实施提供机会
⑥项目成员敢于承担研究中采用新方法所带来的风险
⑦项目成员的研究工作具有独创性

（3）科研项目绩效。

科研项目绩效包括项目成功和项目创新两个维度。本书为确保科研项目绩效测量工具的效度与信度，尽量采用国内外现有文献已使用过的量表，再根据研究的目的加以修改作为搜集实证资料的工具。科研项目绩效具体度量如第 5 章所示，本章就不再进行分析和介绍了。

（4）控制变量。

在以往研究中有学者发现依托单位、项目自身的一些基本特征能够对项目绩效产生影响。为了控制上述这些基本特征变量可能会影响研究中核心变量关系，在本书中，笔者把项目周期（1 = 1 年，2 = 2 年，3 = 3 年）、项目规模（1 = 5 万 ~ 10 万元，2 = 11 万 ~ 20 万元，3 = 21 万元以上）、学科领域（1 = 电子学与信息系统，2 = 计算机科学，3 = 自动化科学，4 = 半导体科学，5 = 光学与电子学）作为控制变量放进统计分析中。控制变量在研究中有时也成为无关变量（extraneous variables），是与研究目标无关的非核心研究变量，但由于在组织行为学的研究中认为，这些基本特征信息可能会影响变量之间的关系，需要加以适当的控制，才能够保证结果更加可信[325]。

7.4 数据分析与结果

7.4.1 信效度检验

研究中采用 SPSS 15.0 对科研项目绩效、项目成员行为整合和即兴创造测量变量量表进行信度分析，采用 Lisrel 8.5 软件对测量变量的效度结构进行验证性因素分析。

（1）信度检验和单维度分析。

采用样本中的 CITC 和信度分析方法，进行信度分析。根据 CITC > 0.3 和 Cronbach's α 系数 > 0.7 的标准，测量题项都符合信度检验要求。表中的测量题项与问卷中测量的问题相对应，为了有效把显变量与测量题项进行区分，在表中用如 BI - 1 代表项目成员行为整合第 1 个题项；用如 II - 1 代表即兴创造第 1 体现；用如 PM - 1 代表科研项目绩效第 1 个题项。科研项目绩效信度分析结果如第 5 章所示，项目成员行为整合、即兴创造分析具体结果，如表 7 - 5、表 7 - 6 所示。

表 7 - 5　　　　　　　　　行为整合的信度检验

变量	维度	题项代号	CITC	删除题项后 Cronbach's α	Cronbach's α
行为整合	相互合作	BI - 1	0.716	0.704	0.805
		BI - 2	0.713	0.721	
		BI - 3	0.549	0.854	
	信息交换	BI - 4	0.679	0.748	0.820
		BI - 5	0.699	0.728	
		BI - 6	0.660	0.774	
	决策参与	BI - 7	0.608	0.676	0.766
		BI - 8	0.668	0.609	
		BI - 9	0.551	0.747	

从表 7-5 可以看出，行为整合相互合作维度的三个测量题项的 CITC 值均大于 0.3，整体 Cronbach's α 系数为 0.805，说明测量量表符合信度要求。信息交换维度的三个测量题项的 CITC 值均大于 0.4，整体 Cronbach's α 系数为 0.820，说明测量量表符合信度要求。决策参与维度的三个测量题项的 CITC 值均大于 0.3，整体 Cronbach's α 系数为 0.766，说明测量量表符合信度要求。

从表 7-6 可以看出，即兴创造的 7 个测量题项的 CITC 值分别为 0.633、0.662、0.693、0.710、0.723、0.650、0.671，均大于 0.3，整体 Cronbach's α 系数为 0.885，说明测量量表符合信度要求。

表 7-6   即兴创造的信度检验

变量	题项代号	CITC	删除题项后 Cronbach's α	Cronbach's α
即兴创造	II-1	0.633	0.874	0.885
	II-2	0.662	0.871	
	II-3	0.693	0.867	
	II-4	0.710	0.865	
	II-5	0.723	0.863	
	II-6	0.650	0.872	
	II-7	0.671	0.869	

（2）内容效度检验。

在科研项目成员行为整合、即兴创造和项目绩效的内容效度检验与第5章方式相同，首先，所有问卷在发放填写时均对被测人员进行了问卷填写的指导，明确告知被测者关于调查的目的、内容，并向被测者承诺问卷内容仅供研究、严格保密；其次，问卷填写过程中通过电话或者电子邮件的方式对被测者出现的疑问进行解答和指导，保证被测者对问卷题项的准确理解和回答；最后，在问卷正式使用之前，专门面向科研项目管理机构的员工、管理者、依托单位以及项目获得资助者进行咨询和访谈，就问卷题目表述的清晰性等问题进行了评价和完善。通过以上的方式，可以保证研究问卷具有较好的内容效度。

（3）结构效度检验。

与第 5 章结构效度检验方法相同，本章将在对数据单维度分析的基础上，对变量的结构效度进行检验。

①数据单维度分析。

在进行因素分析之前，必须先确认资料是否有共同因素存在。Bartlett 球度检验，检验的是相关阵是否是单位阵，它表明因子模型是否不合时宜。KMO（Kaiser – Meyer – Olkin）取样适宜性能有偏相关系数反映资料是否使用因子分析。KMO 取值在 0 ~ 1 之间，一般认为，KMO 在 0.9 以上为非常适合，在 0.8 ~ 0.9 之间为很适合，在 0.7 ~ 0.8 之间为适合，在 0.6 ~ 0.7 之间为勉强适合，在 0.5 ~ 0.6 之间为很勉强，在 0.5 以下为不适合，而 Bartlett 球度检验的 P 值显著性概率应该小于或等于显著性水平。具体分析结果如表 7 – 7 所示。

表 7 – 7　　　　　　　　变量的 KMO 值和 Bartlett 球度检验结果

变量	维度	KMO 取样适宜性	Bartlett 球度检验			适宜性
			近似卡方分配	自由度	P 值	
行为整合	相互合作	0.669	781.143	3	—	勉强适合
	信息交换	0.719	716.201	3	—	适合
	决策参与	0.678	539.016	3	—	勉强适合
即兴创造	—	0.893	2200.861	21	—	很适合
项目绩效	项目成功	0.802	1310.504	15	—	很适合
	项目创新	0.801	1472.435	10	—	很适合

通过进行数据单维度分析，考察了变量各个构面及属性的 KMO 值，从单维度分析结果可以看出，即兴创造与项目绩效量表的 KMO 值均高于 0.7，说明量表的测量效果适宜本书的研究，而行为整合三个维度量表的 KMO 值位于 0.6 ~ 0.7 之间，说明这些量表的测量效果一般。

②验证性因子分析。

研究中，行为整合是一个二阶因子，其测量量表一共包含三个维度，共

9 个题项。利用大样本调研数据对其进行验证性因子分析,所得模型及具体参数可见表 7-8 和图 7-3,其中 e1~e9 为误差变量。

表 7-8   行为整合量表的验证性因子分析结果

因子结构	题项代号	标准化载荷（R）	临界比（C. R.）	R^2	CR	AVE
相互合作	BI-1	0.85		0.723	0.8248	0.6155]
	BI-2	0.86	24.06	0.740		
	BI-3	0.62	16.70	0.384		
信息交换	BI-4	0.80		0.640	0.8235	0.6089
	BI-5	0.79	20.59	0.624		
	BI-6	0.75	19.44	0.563		
决策参与	BI-7	0.74		0.548	0.7744	0.5343
	BI-8	0.77	17.88	0.593		
	BI-9	0.68	16.00	0.462		
拟合优度	$\chi^2/df = 4.10$	RMSEA = 0.067	NNFI = 0.98	CFI = 0.99	AGFI = 0.94	IFI = 0.99

从表 7-8 可以看出,验证性因子分析得出的拟合优度指标值均达到建议的标准,说明行为整合模式变量的测量模型是有效的。各题项在公因子上的标准化载荷系数都大于 0.5 以上,三个维度因子各自提取的平均方差（AVE）都超过了 0.5 的临界值,证明量表整体具备了较好的收敛效度。各题项的 R^2 都在 0.25 以上,子量表结构信度系数都大于 0.6 的下限,说明行为整合量表具备了较好的内部一致性,可用于后续的研究分析。

行为整合变量三个维度之间的区分效度检验结果如表 7-9 所示,表中的对角线上括号内的数值为三个维度 AVE 的平方根,而非对角线上的数值则表示两两维度之间的相关系数值。从表 7-9 中可以看出,行为整合各个维度 AVE 的平方根值大于其所在行与列上维度之间的相关系数值,从而进一步证明了行为整合的三个测量维度彼此之间可以有效加以区分。

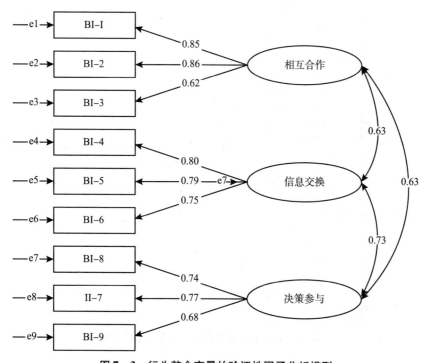

图 7 - 3　行为整合变量的验证性因子分析模型

表 7 - 9　　　　　　行为整合变量各维度之间的区分效度检验结果

变量	相互合作	信息交换	决策参与
相互合作	(0.784)		
信息交换	0.63	(0.780)	
决策参与	0.63	0.73	(0.731)

在本书中，即兴创造是一个单维变量，其测量量表包含 7 个题项，利用大样本调研数据对其进行验证性因子分析，所得模型及具体参数如图 7 - 4 和表 7 - 10 所示，其中，e1 ~ e7 为误差变量。

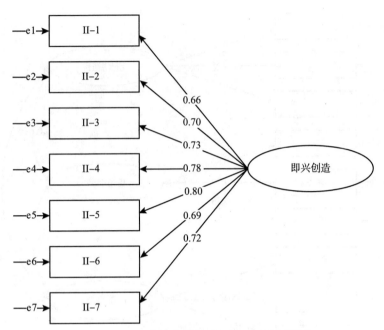

图 7 - 4　即兴创造变量的验证性因子分析模型

表 7 - 10　　　　　　　即兴创造量表的验证性因子分析结果

因子结构	题项代号	标准化载荷 （R）	临界比 （C. R.）	R^2	CR	AVE
即兴创造	II - 1	0.66		0.436	0.887	0.529
	II - 2	0.70	15.73	0.490		
	II - 3	0.73	16.13	0.533		
	II - 4	0.78	17.17	0.608		
	II - 5	0.80	17.36	0.640		
	II - 6	0.69	15.55	0.476		
	II - 7	0.72	15.98	0.518		
拟合优度	$\chi^2/df = 5.01$　　RMSEA = 0.05　　NNFI = 0.95　　CFI = 0.97　　AGFI = 0.88　　IFI = 0.97					

从表 7 - 10 可以看出，验证性因子分析得出的拟合优度指标值均达到建议的标准，说明即兴创造变量的测量模型是有效的。各题项在公因子上的标准化载荷系数都大于 0.5，三个维度因子各自提取的平均方差（AVE）都超过了 0.5 的临界值，证明量表整体具备了较好的收敛效度。各题项的 R^2 都在 0.25 以上，子量表结构信度系数都高于 0.6 的下限，说明即兴创造量表具备了较好的内部一致性，可用于后续的研究分析。

科研项目绩效量表的验证性因子分析结果及区分效度检验结果如第 5 章所示，本章就不再进行分析和介绍了。

7.4.2　描述统计和相关分析

表 7 - 11 显示了科研项目成员行为整合、即兴创造、项目绩效三个变量的均值、标准差和相关系数。从分析结果可以看出，变量的均值和标准差所反映的数据分布情况较好地符合正态分布特点，为下一步数据分析提供了良好的条件。从表 7 - 11 可看出，科研项目成为行为整合、即兴创造与项目绩效均在 0.05 水平上显著正相关，两者对项目绩效影响都较大。

表 7 - 11　科研项目成员行为整合、即兴创造与项目绩效的相关性分析

变量	均值	标准差	行为整合	即兴创造	项目绩效
行为整合	4.1889	0.46401	1		
即兴创造	4.2509	0.45262	0.705 ***	1	
项目绩效	4.2460	0.40989	0.567 ***	0.649 ***	1

注：*** 表示 P < 0.01。

7.4.3　假设验证结果

表 7 - 12 报告了项目成员行为整合、即兴创造与项目绩效关系的验证结果。在控制了项目规模、学科领域和项目周期等特征变量后，回归结果表明，行为整合与项目绩效的回归系数为 0.575（P < 0.01），显著正相关。即兴创造与项目绩效的回归系数为 0.644（P < 0.01），显著正相关。

为了验证即兴创造对行为整合与项目绩效的中介效应，本书采用中介变量验证方法，按照三个步骤进行分析。首先，对行为整合与项目绩效的关系进行回归，检验行为整合与项目绩效的正相关关系。其次，对行为整合与即兴创造的关系进行回归，检验行为整合与即兴创造的正相关关系。最后，对行为整合、即兴创造与项目绩效的关系进行回归，检验即兴创造的中介效应。

表7-12报告了行为整合、即兴创和项目绩效之间关系的分析结果。回归过程和结果如下。

第一步，笔者首先对成员行为整合和项目绩效关系进行回归，共有两个回归模型，第一个回归模型包含了控制变量和项目绩效的关系，第二个回归模型加入了行为整合，结果表明成员行为整合和项目绩效显著正相关，回归系数为0.575（P<0.01）。

第二步，进行了成员行为整合和即兴创造之间关系的回归，共有两个回归模型，第一个回归模型包含了控制变量和即兴创造的关系，第二个回归模型加入了行为整合，结果表明成员行为整合和即兴创造显著正相关，回归系数为0.727（P<0.01）。

第三步，进行了成员行为整合、即兴创造和项目绩效之间关系的回归，结果表明，即兴创造对行为整合和项目绩效之间关系的中介效应明显。加入即兴创造后，行为整合和项目绩效之间的回归系数由0.575（P<0.01）变成了0.239（P<0.01），而即兴创造和项目绩效的回归系数为0.480（P<0.01），可以看出，即兴创造对行为整合和项目绩效之间关系具有显著中介效应。图7-5表示了行为整合、即兴创造和项目绩效之间关系的回归验证结果。

表7-12　　行为整合、即兴创造与项目绩效影响效果的多元回归分析

变量		即兴创造		项目绩效			
		模型1	模型2	模型3	模型4	模型5	模型6
控制变量	项目周期	-0.114 **	-0.045	-00.184	-0.005	0.132	0.156
	学科领域	-0.166 ***	-0.054 ***	-00.104 ***	-0.084 ***	-0.065 ***	-0.067 ***
	项目规模	0.079	0.056	00.119	-0.001	-0.132	-0.150

续表

变量		即兴创造		项目绩效			
		模型 1	模型 2	模型 3	模型 4	模型 5	模型 6
自变量	行为整合	—	0.727 ***	—	0.575 ***	—	0.239 ***
	即兴创造	—	—	—	—	0.644 ***	0.480 ***
F 值		3.051 ***	52.431 ***	1.581	27.447 ***	36.208 ***	27.556 ***
R^2		0.036	0.531	0.019	0.336	0.420	0.448
$Adj - R^2$		0.024	0.521	0.007	0.324	0.408	0.432

注：** 表示 P < 0.05；*** 表示 P < 0.001。

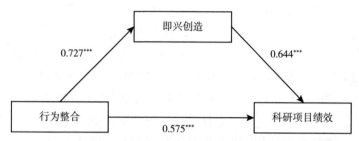

图 7 - 5　科研项目成员行为整合、即兴创造与项目绩效关系模型

注：*** 表示 P < 0.001。

7.5　结果讨论与启示

7.5.1　科研项目成员行为整合与项目绩效关系的讨论

已有研究表明行为整合作为描述团队互动过程的整体性概念，不仅能够反映成员内部关系的能力，而且也能够反映成员交流和互动的程度。本书认为科研项目成员在科研项目实施过程的行为较为复杂难以简单进行描述，从而引入了行为整合作为描述科研项目成员互动过程的核心变量，通过实证研究结果发现，科研项目成员行为整合对项目绩效能够产生显著的正向影响，假设 1 得到支持。研究结果表明：作为描述项目成员互动过程的行为整合，即相互合作、信息交换和决策参与的程度越高，越能够有利于提升项目绩效水平。研究发现的项目成员行为整合对项目绩效有显著的正向影响的结论，与一些学者采用实证研究方法发现行为整合积极影响的研究结果基本吻合，例如卢巴特金、希姆塞克和玲等发现行为整合能够积极影响战略模糊性，进而对企业绩效产生积极影响[279]；李海阳等研究发现行为整合对新技术新企业的成长、市场占有率以及新企业产品创新强度具有积极的影响；李和汉布里克等在中国合资企业高管团队背景下，研究发现行为整合能够对团队绩效产生积极影响[206]。但上述研究主要是针对高管团队以及企业的相关研究，本书把行为整合应用于用于一般性工作团队并进行实证研究，从而能够丰富和完善行为整合的相关研究。

关于行为整合能够对科研项目绩效产生积极影响的结论，证明了虽然当前研究成员的多样化特征已经成为科研项目顺利完成的基本条件，但相对于这种静态的结构，更需要研究成员在科研项目实施过程中开展积极的合作、交流以及信息共享等互动行为。项目成员之间的互动过程是科研项目能够顺利完成的关键所在，尤其是在随着经济社会以及科学技术的发展，科研项目研究的问题越来越复杂、越来越社会化，科研项目的研究不再是个体研究，而是由一定规模组建而成团队的集体研究；项目成员的科研工作不再是分散、封闭的形式进行，而更加需要成员之间的相互协作以及开放交流。尽管科研项目成员由不同背景、不同领域的研究人员构成，从社会分类和同性相吸理论来看，项目成员不可避免在价值观以及情感方面存在差异，从而在科研项目实施过程中影响成员相互间的关系，甚至会发生激烈的冲突。但伴随着科研项目研究持续开展以及成员彼此之间不断接触，尤其是在承担科研任务和目标完成需求下，团队成员相互协作能够进一步得到强化，团队成员之间能够进行良好地互动，从而实现及时地互通有无、共享资源，及时解决项目实施过程中出现的问题，以及及时地协调项目成员的任务进度，进而保证科研项目任务及时、高效地完成。

7.5.2 科研项目成员即兴创造与项目绩效关系的讨论

自即兴创造引入组织领域以来，学者认为即兴创造不是描述一种现象，而是拥有自己的结构和内容，能够反映多维内容的构建，是一个较为综合性的概念[289]。从项目完成的必要条件来看，除了传统的项目基础管理活动，如项目过程和控制以及项目成员行为的有效互动之外，还需要项目成员具有较强的即兴创造能力，即环境动荡、变化需求情况下，能够在利用经验产生的创意、直觉和隐性知识来解决项目实施过程遇到的问题。本书通过实证研究结果发现科研项目成员即兴创造对项目绩效能够产生显著的正向影响，假设 3 得到支持。研究结果表明：在一定规定时间和资源的情况下，项目成员即兴创造越高，越能够有利于提升科研项目绩效水平。本书发现的项目成员即兴创造对项目绩效有显著的正向影响的结论，与萨姆拉、林恩和赖利实证研究发现的即兴创造对项目成功具有显著性影响的结果相一致。为此，根据本书以及萨姆拉等人的研究结果可以得出在创新性要求高的项目更容易产生即兴创造，从而更加有利于项目绩效水平的提高。

研究结果进一步说明，科研项目研究作为一种创新性活动，其在方法的选择以及问题解决方面需要灵活、快速、无准备地反应。而且在科研项目实施过程中，虽然在科研项目申请前期就已经制定好项目研究的内容、技术路线和计划安排，但由于科研项目研究内容的目的在于探索未知，解决尚未解决的问题，寻求解决问题的途径和方法，难以依照既定的项目计划实施，在具体实施过程中往往会产生工作方式与项目计划明显偏离的现象，允许在既定的资源条件下采用更有效的方法快速解决问题以完成项目研究任务和目标，而这一过程也就是即兴创造在其中发挥着作用。据此分析可知，即兴创造是项目尤其是不确定性项目成员所应该产生的重要行为，需要在项目实施过程中进行有效的鼓励和培养，从而能够更加有效地保证科研项目顺利完成。

7.5.3 科研项目成员即兴创造对行为整合与项目绩效关系影响的讨论

本书为了验证即兴创造对行为整合与项目绩效的中介效应，在已完成行为整合、即兴创造对项目绩效影响分析的基础上，对行为整合与即兴创造的关系进行检验，发现行为整合对即兴创造有显著正向影响，最后把即兴创造加入行为整合与项目绩效的关系分析模型中进行回归。通过实证研究发现，行为整合和项目绩效之间的回归系数显著变小，而即兴创造和项目绩效的回归系数显著正向影响，根据中介效应检验原理，可知即兴创造对行为整合和项目绩效之间关系具有显著中介效应，假设4得到支持。研究结果表明：科研项目成员的相互合作、信息交换和决策参与能够通过影响成员的即兴创造，进而对项目绩效产生影响。

具体从科研项目实施过程来看，科研项目成员是项目创造性或者创新性的具体实践者，不仅需要项目成员在外部支持与激励下能够有效地运作，而且还要求成员运用创造性思维，从事创造性的行为，不断提高项目创新性的水平。根据组织创造力理论的互动观点，组织的运作能够通过创造力的运用，从而使组织更好地面对环境变化。从科研项目团队运作的一般过程来看，良好项目团队的运作需要建立在项目信任、尊重和支持等感情基础上，而其中相互支持是较为关键的方面，即使在项目成员缺乏信任和尊重情况下，项目成员也能够通过相互支持快速、创新性地解决问题[190]。同时，在项目实施过程中应能够给予成员获得有价值的信息、知识和相互补充的技能的机会，由于项目成员在时间和资源约束条件下，需要对科研项目中不确定性问题快速行动，以便使项目成员能够在短期内开展更多的信息交换以获得相关信息。同时还需要项目成员能够通过其他成员的反馈来提高决策取择和相关结果的察觉，提供项目成员反应的速度和满足环境的需求。从项目领域即兴创造产生过程来看，主要是项目成员在不确定性环境下，能够在利用经验产生的创意、直觉和隐性知识来解决项目实施过程遇到的问题，进而能够保证科研项目在规定的时间和资源内完成科研项目相关研究内容。

7.6 本章小结

本章探讨了科研项目成员对项目绩效影响的途径，在分析科研项目成员行为整合、即兴创造和项目绩效相互关系的基础上，通过理论和实践状况分析，提出了4个研究假设。在实证分析方面，采用了信效度检验、相关分析和最优尺度回归分析等方法。在信度检验中对调查问卷的变量进行了CITC和信度分析方法，进行信度分析，分析结果表明变量量表具有良好的信度，而在效度检验分析中，主要是分析了变量的结构效度，首先对行为整合、即兴创造和项目绩效进行验证性因素分析，分析结果表明变量测量模型适配性、

CR 以及 AVE 值能够满足要求。在信效度检验完成之后，研究采用最优尺度
回归分析方法，验证所提出的所有假设，回归分析结果表明科研项目成员行
为整合、即兴创造对项目绩效具有显著正向影响，同时即兴创造对项目成员
行为整合与项目绩效关系具有中介作用，并对研究结果进行了讨论。

| 第 8 章 |

结论与展望

8.1 主要研究结论

科研项目是开展科学技术活动具体表现的主要形式，在探索以及解决国家科学和社会问题的过程中发挥着重要作用，其完成质量直接反映了科学技术水平和实力的高低。伴随着我国公共财政资金在科技领域的持续投入，科研项目体系结构的不断优化，以及对社会产生的效益不断增大，科研项目比以往更加受到社会各界关注，寻找制约科研项目绩效影响因素已引起我国理论界和实践界的广泛重视。本书在课题制背景下，针对科研项目绩效的影响因素，构建了科研项目绩效影响因素分析框架，并聚焦组织层面的科研项目主管机构和依托单位、个人层面的项目负责人和团队层面的科研项目团队相关行为和特征变量，分别针对不同层面的相关变量之间以及其与科研项目绩效的关系展开了研究。

本书在相关理论以及研究者相关研究成果的基础上，首先，对已有关于项目影响因素的相关研究进行梳理和总结，结合前期开展的调研、访谈等工作，发现在课题制下科研项目实施过程，科研项目主管机构、依托单位、项目负责人和项目成员等利益主体在其中能够发挥重要作用；其次，通过对课题制的内涵及其委托代理关系进行分析，并从利益相关者角度探讨了不同利益主体对科研项目绩效影响的机制，在此基础上构建了科研项目绩效影响因素分析框架，提出了组织、个人和团队三个层面影响科研项目绩效的途径；

再次，介绍了验证科研项目绩效影响因素分析框架的方法，从分析研究对象确定、样本收集和调查实施进行了阐述，设计了相应的测量量表和采用的实证方法；最后，在分析科研项目资助和依托单位组织支持、科研项目负责人个体特征和管理控制以及项目成员行为整合和即兴创造的相关理论基础上，提出对上述三个层面不同利益主体相关变量对科研项目绩效影响的理论假设，通过计算收集的大样本和二手数据，对回收的有效问卷进行了统计分析，应用最优尺度回归分析方法对上述理论假设进行了检验，得出了以下主要结论。

第一，科研项目主管机构项目资助能够对科研项目绩效产生显著直接正向影响，而依托单位组织支持能够对科研项目资助与项目绩效的关系起到调节作用。研究结果表明在科研项目实施过程中，科研项目主管机构无论是外部聚焦资助活动还是内部聚焦资助活动都能够对项目绩效产生积极显著的影响，而依托单位组织支持会干扰科研项目资助与项目绩效的关系，即依托单位组织支持的力度越大，科研项目外部聚焦资助活动和内部聚焦资助活动与项目绩效的显著性正向关系将越高。

第二，科研项目负责人不仅个体特征，如年龄、职称、出国经历和担任领导职务对科研项目绩效会产生不同程度的显著影响，而且采取的不同管理控制方式也能够对科研项目绩效产生显著的影响。研究发现科研项目负责人年龄与科研项目绩效呈 U 形曲线关系，说明 35～45 岁以及 65 岁左右年龄段的相对其他年龄的科研项目负责人能够更好地完成科研项目研究工作；科研项目负责人职称对科研项目绩效有显著的正向影响；科研项目负责人担任领导职务及出国留学经历对科研项目有显著的负向影响。同时研究还发现科研项目负责人实施的过程控制与科研项目绩效呈倒 U 形曲线关系，而结果控制对项目绩效能够产生显著的正向影响，说明科研项目负责人实施中等程度的过程控制相对于太高或太低的控制能够更有利于完成科研项目，而其实施的结果控制能够保证科研项目取得更高水平的绩效。

第三，科研项目成员行为整合、即兴创造能够对科研项目绩效产生显著直接正向影响，而且行为整合能够通过即兴创造对科研项目绩效产生间接显著正向影响。研究结果表明科研项目成员行为整合对科研项目绩效有积极显著的影响，说明行为整合作为综合描述团队成员互动过程的整体性概念，能够较好地解释项目成员互动过程与项目绩效的关系。研究结果也进一步得出了科研项目成员即兴创造在行为整合与项目绩效关系中具有中介效应，说明科研项目成员在时间和资源约束条件下，能够通过即兴创造的发挥，以更好地解决科研项目实施过程遇到的问题以及方法，进而促进科研项目绩效水平的提高。

8.2 本书的创新点

第一，本书在课题制背景下系统地探讨了科研项目绩效影响因素，指出了不同层面利益主体对科研项目绩效的影响机制，构建了基于组织、个人和团队层面的科研项目绩效影响因素分析框架，并在此分析框架下分别探讨了科研项目主管机构项目资助和依托单位组织支持、科研项目负责人个体特征和管理控制以及科研项目成员行为整合和即兴创造对科研项目绩效的影响，通过多元回归分析、调节作用模型和中介作用分析等统计分析技术对分别提出的理论假设进行了统计验证。本书在委托代理理论、利益相关者理论和制度理论基础上，探讨了不同层面利益主体对科研项目绩效影响机制，认为科研项目绩效受到多层次因素影响的特点。证实了组织层面的科研项目主管机构项目资助尤其是在依托单位组织支持下能够对科研项目绩效产生影响；个人层面的科研项目负责人一些个体特征和管理控制能够对科研项目绩效产生影响；团队层面的科研项目成员行为整合、即兴创造能够有利于科研项目绩效。这些结论在一定程度上能够完善和扩展以往研究，为寻找制约科研项目绩效的因素提供了基础，对指导我国科研项目管理实践也具有十分重要的现实意义。

第二，本书采用项目资助架构对作为科研项目主管机构项目资助行为进行描述，研究了科研项目资助对科研项目绩效的影响。实证研究发现科研项目外部聚焦资助活动和内部聚焦资助活动对科研项目绩效能够产生显著的正向影响，同时发现依托单位组织支持能够有效调节科研项目资助与项目绩效的关系。本书研究证实了以前许多学者研究认为项目资助者能够支持项目实施成功的论述，同时进一步考虑了依托单位作为项目管理体系重要组成部分在科研项目实施过程中的效应。此研究结论能够有助于解释在中国当前科研管理体制中，作为科研项目管理体系中的两个重要组织——科研项目主管机构和依托单位对科研项目绩效影响及其途径，研究拓展了在课题制下科研项目主管机构和依托单位在科研项目实施过程中作用发挥的认识，丰富了项目资助和组织支持的理论研究和适用范围，深刻揭示了其对科研项目绩效影响的内在机理。

第三，本书在分析科研项目负责人个体特征与科研项目绩效关系的同时，也考虑了科研项目负责人管理控制对科研项目绩效的影响。实证研究发现科研项目负责人年龄与科研项目绩效之间存在非线性的 U 形曲线关系，科研项目负责人职称对科研项目绩效有显著的正向影响，以及科研项目负责人担任领导职务及出国留学经历对科研项目有显著的负向影响。同时发现科研项目负责人实施的过程控制与科研项目绩效之间存在非线性的倒 U 形曲线关系，以及结果控制对科研项目绩效有显著的正向影响，进而获取了科研项目负责人与项目绩效之间关系更加全面、准确、科学的认识。本书的研究弥补了以往理论上项目领导特征对项目成功影响的论述，丰富和完善了项目领导行为相关理论研究，为科研项目主管机构开展资助项目活动和项目负责人改善项目管理提供了理论依据。

第四，深入研究了科研项目成员行为整合、即兴创造与项目绩效的直接关系，更进一步分析了项目成员行为整合能够经由即兴创造对科研项目绩效产生间接作用。实证研究发现行为整合能够较好地解释项目成员互动过程对科研项目绩效的影响，而且项目成员行为整合能够通过即兴创造的产生，使项目成员能更好面对项目不确定性和创新性需求。虽然已有国外学者在项目成员一些行为变量与项目绩效关系的研究领域已经积累了一些丰富的文献，但是由于项目成员互动过程是一个"黑盒子"，难以通过单一或几个变量进行反映，从项目成员互动过程整体性分析其对项目绩效尤其是科研项目绩效的实证研究比较缺乏，而且在项目成员行为互动过程背景下探讨即兴创造与项目绩效的关系更为鲜见。因此，这一研究结论能够拓展以往项目成员互动过程与项目绩效关系的研究，进一步提升了即兴创造对项目完成重要性的认识，为改善课题制下科研项目管理和提高科研项目绩效水平提供了理论依据。

8.3 理论贡献和实践意义

8.3.1 理论贡献

第一，在课题制和科研项目管理实际情境下，分析了不同利益主体对科研项目绩效的影响机制。以往有学者的研究虽然认为"人员、管理因素比技术层面的因素更能导致项目成功"[38]，但是项目中哪些人员及其行为和项目管理的哪些方式能够导致项目成功，以及通过何种途径影响项目绩效水平的提升，仍然没有得出一个清晰的结论。本书在调研、访谈、文献回顾等工作的基础上，发现科研项目主管机构、依托单位、项目负责人和项目成员等不同利益主体在科研项目实施过程中扮演重要角色，并分别发现这些利益主体对科研项目绩效具有不同的影响途径，如科研项目主管机构项目资助行为、依托单位组织支持、科研项目负责人个体和管理控制以及项目成员互动过程等都会对科研项目绩效产生影响。在此基础上，本书通过构建科研项目绩效影响因素分析框架，从组织、个人和团队三个层面提出了相应的假设，分别研究了科研项目资助和依托单位组织支持、科研项目负责人个体特征和管理控制以及科研项目成员行为整合和即兴创造与科研项目绩效之间的关系，从而为进一步探索改进科研项目管理，提高科研项目绩效水平提供有力的理论基础。

第二，将科研项目主管机构项目资助、依托单位组织支持引入科研项目的管理情境并开展实证研究。现有有关项目资助的研究还刚刚起步，无论在项目资助的测量还是在项目资助效应方面的研究都有待于学者们进一步完善和强化，已有研究主要是选择商业领域项目作为研究对象，难以适用于所有项目类型，而针对科研项目的资助研究尚未系统的在国内学界中被介绍和引用。此外，以往实证研究一般是考虑项目资助对项目绩效的直接影响，而忽略考虑环境因素对两者之间关系的影响，已有研究表明忽视环境的重要性将导致研究结果的谬误。因此，本书在科研项目背景下，构建了科研项目资助测量的内容和维度，探讨了科研项目资助对科研项目绩效的影响，并在考察上述两个变量关系的基础上，确定依托单位组织支持作为环境因素对上述关系的调节作用。研究结果表明科研项目资助可以分为外部和内部聚焦资助活动两个维度，对科研项目绩效能够产生积极的影响，而依托单位组织支持能够有效调节科研项目资助与科研项目绩效的关系。

第三，分析了科研项目负责人个体特征、管理控制与项目绩效的关系并开展实证研究。现有关于项目领导对项目绩效的影响研究已经引起了学者的广泛重视，从项目领导特征已有研究来看，主要是在商业领域项目背景下从理论上阐述了项目领导特征对项目绩效能够产生影响，而相关实证研究较为鲜见。关于项目领导动态行为对项目绩效的研究主要是聚焦于研究项目领导行为产生的影响，虽然学者已经认识到项目负责人在项目实施过程中采取有效控制机制对项目绩效的作用，然而较少学者进行深入研究。因此本书在科研项目背景下，验证了科研项目负责人个体特征如年龄、职称、担任职务和出国留学经历对科研项目绩效有显著的影响，从而在研究方法上弥补了已有研究的不足，并分别探讨了科研项目负责人实施的过程控制和结果控制方式对项目绩效的影响，验证了过程控制和结果控制对项目绩效不同影响途径，研究不仅丰富了项目领导管理控制的研究内容，也拓展了项目管理控制研究的应用领域。

第四，将行为整合引入科研项目管理情境并对项目绩效的影响开展了实证研究。现有的行为整合研究对象主要是针对企业高层管理团队展开研究，而其是否能应用于一般性团队尤其是科研项目团队的研究在国内尚未开展。虽然已有研究从互动过程的不同角度探讨了项目成员互动过程对项目绩效的影响，然而其主要聚焦于任务导向或社会导向互动过程，较少综合两者的情况考虑，较少在复杂和不确定性项目的背景下探讨。同时本书还揭示了即兴创造在项目成员互动过程中的作用以及对项目绩效的影响，已有研究者表明即兴创造对项目完成的重要性，但囿于国外学者开展即兴创造的研究刚刚起步，研究主要集中在即兴创造对结果变量的影响，而综合探讨即兴创造的前置因素和结果变量的影响比较缺乏，从国内研究来看探讨即兴创造理论和实证研究几乎处于空白。为此，本书在科研项目背景下，研究发现行为整合适用于描述项目团队的互动过程，是提升项目绩效水平的核心驱动力，而即兴创造能够在行为整合与项目绩效的关系中起到中介作用，并能够对项目绩效产生显著影响。

最后，本书从研究背景上对以往的研究进行了扩展。现有关于项目绩效影响因素的研究主要集中在商业领域背景，研究不同利益主体行为变量和项目绩效的关系主要分布在商业项目、R&D、建筑等应用型项目，而针对科研项目开展的相关研究比较匮乏。另外，由于文化背景、面临的对象以及项目实施的目的差异，针对商业领域背景项目分析框架、相关实证研究的结论与成果，以及项目利益主体行为变量和项目绩效的关系能否适应一般性团队和科研项目的管理实践还需探讨。本书结合上述背景，在深入探讨科研项目管理的基础上，在科研项目的背景下进一步揭示了不同层面的利益主体对科研项目的影响，从研究背景上对现有研究进行了丰富和扩展。

8.3.2　实践意义

本书揭示出科研项目资助和依托单位组织支持、科研项目负责人个体特征和管理控制、项目成员行为整合和即兴创造分别与科研项目绩效之间的关系，丰富和发展项目管理、团队管理等相关领域的理论研究，而且还能为科研项目组织和管理提供理论上的借鉴。具体来说，本书的实践意义集中体现在以下几个方面内容。

首先，分析了科研项目资助影响科研项目绩效的途径。研究发现科研项目资助能够分为外部和内部聚焦资助活动两个维度，并都能对科研项目绩效产生显著的正向影响。说明了科研项目主管机构作为资助科研项目研究经费的重要来源，在对项目的资助上不应仅停留在提供资金支持，而且还应开展其他资助活动，如在项目立项阶段通过契约的形式明确项目实施后的产出、项目完成的标准以及项目实施检查的方式等；项目实施过程中的科学研究环境变化的监控等，以及在项目后期管理中开展项目后评估等，也就是说应该把资助活动贯穿于整个科研项目生命周期，实现科研项目的全过程跟踪管理，改变以往重立项、轻过程和验收的项目管理方式，同时从制度安排层面加以完善和丰富，并立足于现有条件下落实到位，以期能更好地促进科研项目完成。

本书还证实了依托单位支持能够对科研项目资助与项目绩效的关系发挥正向调节作用。作为科学研究活动进行资助的枢纽性机构—依托单位，其在科研项目实施过程中发挥着重要的支持作用，通过为有利于科学基金项目的实施开展与成功创造条件，给予了科学项目研究人员更多自主权，能够营造宽松的管理体制和严谨的学术氛围。科研项目主管机构在保证依托单位在项目管理体系中的地位和职能的同时，还应加强对依托单位在项目实施过程中的作用发挥加以监督和指导，以保证依托单位在科研项目管理中发挥更加重要的作用。

其次，明确了科研项目负责人个体特征与科研项目绩效的关系。本书的实证结果发现科研项目负责人个体特征除职称对科研项目绩效有显著正向影响外，其他个体特征变量分别呈现了显著倒 U 形关系、负向影响甚至不影响。在现实科研项目申报过程中由于信息的不对称，项目申报书成为科研项目主管机构了解项目负责人的主要途径，科研项目主管机构或者项目评委可能更多地注重申报项目负责人的名气、资历或者申报单位的"品牌"，难以真正了解项目负责人的能力以及其投入科研项目的研究情况，进而影响科研经费使用效率的提高。科研项目负责人是科研项目的发起人及最主要的实施者，其个体特征是决定科研项目绩效的基础，科研项目主管机构在进行项目资助时应该把其视为资助项目与否作为参考依据之一，并根据能利用的科研信息公共平台掌握项目负责人已承担项目信息、科研信用等数据，以消除科研项目立项中的"逆向选择"问题。

进一步明晰了科研项目负责人管理控制在项目实施过程中的作用。本书结果表明，项目负责人实施过程控制与科研项目绩效呈倒 U 形曲线关系，而结果控制则呈显著正向关系。由于科研项目负责人为了有效地获取科技资源，往往在构建科研项目团队构建时采用临时拼凑的方式，从而出现了所谓"师徒合伙""拉配郎"和"搭便车"等形式组成低水平的"虚"团队。此类团队构建方式容易导致在科研项目实施过程中，项目成员由于可能缺乏相互了解，加上在研究过程中的互动增多，容易引起彼此关注他人差异的情况，进而导致情感、行动等方面的不一致甚至冲突。为此，科研项目负责人在项目实施过程进行适当的过程控制和强有力的结果控制，能够有效地避免冲突和不合作的情况。在具体操作过程方面，项目负责人通过以科研任务为导向，赋予项目成员适当的自主权，并适度加强对项目成员参与项目过程的监控，同时根据已明确的项目研究结果，制定详细的研究目标和计划，促进项目成员彼此的了解和信任，使项目成员能够更好地协调合作，从而保证科研项目能够顺利完成。

最后，分析了科研项目成员互动过程影响项目绩效的途径。本书的结果表明，科研项目成员行为整合能够对科研项目绩效产生显著的正向影响。因此在明确科研项目目标以及任务的情况下，科研项目成员之间能够进行良好地互动，如合作、信息共享等，从而实现及时地互通有无、共享资源，及时解决项目实施过程中出现的问题。这就要求在当前科研项目研究的问题越来越复杂，一些科研项目越来越多地依靠多学科互相渗透和协同攻关才能解决的情况下，科研项目需要研究人员更加相互协作、开放交流以及信息反馈，才能在科研项目中寻找到机会、取得突破，才能取得更多研究成果。

项目成员行为整合除了对科研项目绩效产生直接影响之外，还可以经由即兴创造对科研项目绩效产生间接影响。这一研究的发现说明，即兴创造是科研项目成员互动过程中的重要环节。科研项目是一种创造性的活动，是解决别人先前没有提出或者已经提出但没有解决的问题，往往无章可循。这就需要项目成员在合作交流、信息交换等活动的基础上，必须重视激励和保护项目成员创新性的火花和思维产生，通过良好的行为互动过程，营造一种支持项目成员创造力产生氛围，促使项目成员能够在遇到新问题、新困难中不断产生新思想、新方法。因此，在科研项目实施过程中，不但要重视提高成员行为互动过程，而且还必须重视和引导成员即兴创造的产生，只有这两方面相互支持相互配合的前提下，科研项目的绩效水平才能得到最大程度的提升。

8.4　研究局限性

本书不可避免地存在一些局限，具体来说包括以下几个方面内容。

第一，样本来源与样本数量的局限。本书主要是采用问卷调查的方式进行，采用了整群抽样以及在整群中随机抽样的方式。虽然在本书中对选取国家自然科学基金委信息科学学部的面上项目作为研究对象进行了一定的说明，但是仍然不可否认，某种类型的样本会导致研究的外部效度降低，造成推论能力不足。此外，由于各种条件所限，本书的研究问卷面向国家自然科学基金信息科学学部 2001～2008 年已结题项目共 3055 项面上项目作为分析对象，并面向这些项目负责人发放问卷，最终得到 664 份有效问卷。然而从本书的内容来看，不仅需要测量项目成员的行为整合和即兴创的内容，而且还需要测量项目负责人管理支持方面的内容，但囿于研究条件以及项目团队自身特征所限，本书选取面向项目负责人作为问卷发放的对象，容易引起测量偏差而不能够反映测量体现的真实内容，进而可能降低研究的外部效度。而从本书测量题项来看，已有学者提出测量体现问卷调查对象的比例应在 1:5 以上，如果能到 1:10 则更好[333]。虽然研究者对于究竟发放多少问卷并没有一个绝对的标准，但是大家都公认问卷数量越多，取样的精确性越高。从高要求标准来看，本书的样本数量还可以进一步扩大，以提高研究结果的代表性。

第二，研究工具的局限。根据研究内容的需要，本书分别收集研究所需的一手数据和二手数据。其中二手数据主要来源国家自然基金委 ISIS 系统中的项目信息数据库，在国家自然科学基金委员会计划局和信息中心的配合下，本书的研究虽然较为便捷、低成本的获得项目基本信息数据，但由于国家自然科学基金委在统计项目信息的过程中较多地关注项目成员性别、年龄、职称以及单位等基本情况，对项目负责人当年申请其他情况，如担任领导职务、承担项目情况缺乏统计，而通过网络收集当年项目负责人的信息难以保证信效度。在一手数据方面，主要采用各变量的量表编制而成的问卷获取，这些变量的量表多采用国外学者的问卷综合发展而成，虽然在本书的相关章节对文件的翻译和形成严格过程进行了说明，但是由于研究对象的不同以及研究背景和社会文化习俗、语言表达习惯的差异，转换后的中文问卷可能会引起题意误差，并可能降低量表的信效度。

第三，研究方法的局限。本书主要采用了量的研究，还辅助采用了观察、访谈等质的研究方法，在研究过程中试图将方法运用上存在的限制降低到最低。从样本对象来看，属于不同时期的项目，本书主要采用回溯研究方法开展问卷调查，但需要指出的是科研项目资助、组织支持、管理控制、行为整合以及即兴创造等理念随着时间的推移，会发生不断变化，同时由于科技体制改革以及国家自然科学基金委资助与管理政策等外部环境也处在一个动态的演变过程中，这种动态性及其可能对项目负责人认识造成的影响也无法考察。另外在具体分析变量之间的关系采用实证研究方法也有短处，如只能对事物表层的、可以量化的部分进行测量，不能获得具体的细节内容；只能对研究者实现预定的理论假设进行证实，难以了解当事人自己的视角和想法；研究结果只能代表抽样样本的平均情况，不能兼顾特殊情况；对变量的控制比较大，很难再自然情境下收集资料。

8.5　未来研究展望

本书在课题制背景下，围绕不同利益主体对科研项目绩效的关系进行了探讨，对现有科研项目绩效研究进行了丰富和发展，研究也初步揭示了科研项目主管机构、依托单位、项目负责人以及项目成员对科研项目绩效的影响途径。然而由于相关研究变量，如项目资助、行为整合、即兴创造作为组织领域的新兴研究特点以及科研项目绩效难以采用一致性测量方法等问题，目前相关研究仍处于发展和完善阶段，国内对此问题的研究则更是处于起步阶段。对于未来研究的工作开展，笔者认为可以从以下几个方面考虑。

第一，不同研究者对科研项目绩效如何测量的视角不尽相同，但总体来看主要还是偏重于定量方面的测量，而采用定性方面的测量较为缺乏，因此本书提出的科研项目绩效测量方法与内容，在不同科研机构和不同领域探寻研项目绩效影响中具有一定的推广性，同时随着科技领域对科研项目绩效评估的问题越来越重视，将有助于为未来科研项目绩效评估方法提供支持。为了进一步检验问卷调查方法能够有效反映出科研项目绩效，后续研究有待于收集相关科研项目产出的客观数据，如论文发表情况、专利、专著以及获奖进行对比研究。

第二，本书证明了科研项目资助和依托单位组织支持、科研项目负责人个体特征，如年龄、职称、担任领导职务、出国经历等对科研项目绩效的影响，是基于国家自然科学基金委面上项目管理情境下得出的结论，但不意味在其他类型科研项目中上述研究结论能够成立，因此有必要针对不同类型和不同科研项目主管机构资助的科研项目诸如 NSFC 重点、重大科学基金项目或科技部科技计划项目以及教育部人文社科项目等展开探讨，以期能够更好发现不同类型、不同机构的科研项目差异及原因。

第三，本书从组织、个人和团队三个层面分别探讨对科研项目绩效的影响，并没有考虑不同层面变量之间的关系以及可能相互作用对科研项目绩效产生的影响。已有研究者指出不同层面的变量能够相互作用，并能够共同影响分析的结论。为此，后续研究有必要针对组织、个人和团队三个层面建立多层面的科研项目绩效影响模型，分类采集相关变量的数据信息，采用分层线性模型等方法探讨这些变量共同对科研项目绩效产生的影响，从而能够更好地解释不同层面变量与科研项目绩效的关系。

第四，进一步全面分析和把握科研项目成员互动过程，探讨从项目成员行为对项目绩效影响的过程。在现有研究关于科研项目成员的行为整合和即兴创造内容的基础上，进一步挖掘其内涵以及对科研项目绩效影响的途径，引入项目成员其他行为和心理变量，如冲突、情绪智力等进一步探讨与行为整合和即兴创造共同对科研项目绩效的影响，对现有研究进行扩展，从而能更好地解释科研项目情境下项目成员的互动过程。

第五，本书一手数据的收集由科研项目负责人提供获取，虽然科研项目负责人有能力提供关于项目成员以及依托单位真实可靠的信息，但并不是研究所应该获取的唯一数据来源，而且把科研项目负责人作为一手数据信息的唯一来源，容易产生同源误差问题。后续研究应该扩大信息来源途径，把内部信息者对项目成员行为整合和即兴创造的感知和外部信息者对项目负责人管理控制的评估综合起来考虑，从而能够更加全面地反映变量测量的有效性。

第六，本书采用回溯性研究方法收集研究所需的数据，由于时间跨度较长，加上外部环境和研究对象理念的变化，调研对象难以完全有效反映真实情况。因此，有必要针对同期资助的科研项目在截面收集数据，检验研究所提出的变量关系进行验证。同时将在现有研究的基础上，扩大问卷样本，通过分析来进一步确定研究中的结论，检验研究结论的普适性和问卷的通用性。

附录　调查问卷

国家自然科学基金面上项目资助与管理绩效评估问卷调查表

尊敬的信息学部项目专家：您好！

自 1986 年国家自然科学基金委员会成立以来，面上项目是科学基金中资助数量最多、学科覆盖面最广的自由探索项目，其实施绩效受到社会各界高度重视。为此，基金委在"科学基金资助与管理绩效国际评估研究"工作中专门布置了面上项目资助与管理绩效评估的研究内容，本次调研是面上项目试评估工作的重要组成部分。

本次试评估的对象为信息学部面上项目，旨在调查面上项目资助与管理的一些基本情况，借此从外部感知角度描述其绩效状况以及您承担面上项目实施和完成情况。您是信息学部获面上项目资助的专家，您对信息学部资助与管理工作非常熟悉并富有经验，基金委高质量地完成本次绩效试评估工作离不开您的大力支持与帮助，恳请您在百忙之中拨冗填写问卷！

本问卷所有问题的答案均无对与错，需要您充分发挥在面上项目申请、实施及验收中的经验做出最符合实际情况的判断。完成整个问卷大约需要花费您 20 分钟的时间，您的所有回答都将会得到完全保密的处理！

感谢您的支持！

请您在 200×年×月××日以前将调查问卷反馈到以下邮箱：

邮箱：n×××@nsfc.gov.cn

联系人：×××

联系电话：6232××××

通信地址：北京市海淀区双清路××号

国家自然科学基金委员会　计划局

邮政编码：1000××

项目资助测量量表

在面上项目申请和完成过程中，您对基金委开展下列活动的看法如何？	非常同意	同意	一般	不同意	非常不同意
与项目申请者就项目预期目标达成一致					
明确项目应产出的效益					
给出判断项目是否取得成就的标准					
定期检查项目实施产生的效益					
支持项目负责人履行其职责					
如果基金委认为合适，将终止对项目的资助					
项目完成后进行验收					

组织支持测量量表

您认为依托单位在面上项目实施过程中的作用如何？	很大	较大	一般	很小	无作用
在项目申请过程的作用发挥					
在项目科研条件保障的作用发挥					
在项目经费监督与管理的作用发挥					
在项目固定资产与成果管理的作用发挥					

管理控制测量量表

作为面上项目（曾经）的承担者，您是否同意以下您在项目实施过程中的管理控制方式？	非常同意	同意	一般	不同意	非常不同意
根据项目目标指定项目整体过程或步骤					
决定项目成员工作安排					
指定项目成员工作过程					
为项目成员制定清晰、有计划的目标					
制定项目质量管理和标准的目标					
明确提出项目绩效目标					

即兴创造绩效测量量表

在面上项目实施过程中，您所在项目组开展创造性研究工作情况如何？	非常同意	同意	一般	不同意	非常不同意
项目成员能够从容应对研究计划中未曾预料的问题					
项目成员能够把想到的付诸行动					
项目成员能够对研究中出现突如其来的问题快速反应					
项目成员能够尝试新方法解决研究问题					
项目成员能够为实施新的解决方法提供机会					
项目成员敢于承担研究中采用新方法所带来的风险					

行为整合测量量表

在您所承担的面上项目实施过程中，项目成员合作、信息共享程度如何？	非常同意	同意	一般	不同意	非常不同意
当项目某个成员工作忙碌时，其他成员会自愿帮忙分担工作					
项目成员愿意相互帮忙，使项目在期限内完成					
为了让彼此更容易完成工作，项目成员会灵活改变工作职责					
项目成员相互交换信息的频率相当高					
项目成员相互交换的信息，相当有创意和创新性					
项目成员相互交换的信息，往往有助于问题解决					
当项目成员所采取的行动可能影响其他成员的工作时，他们通常会告知对方					

续表

在您所承担的面上项目实施过程中，项目成员合作、信息共享程度如何？	非常同意	同意	一般	不同意	非常不同意
项目成员清楚地了解项目和项目其他成员存在的问题					
项目成员能够经常讨论彼此对工作进展的期望					

项目绩效测量量表

您认为自己所承担的面上项目绩效如何？	非常同意	同意	一般	不同意	非常不同意
能够实现计划任务书规定的研究目标					
完成计划任务书预期的大部分研究内容					
高质量完成了项目研究内容					
遵循项目计划任务书规定的日程安排					
在经费预算范围内完成项目研究					
高效率执行了项目研究工作					
科研项目主管机构对项目取得的研究成果表示满意					
项目研究成果创新性强					
项目产生了大量新的创新想法					
项目成员综合创新能力得到显著提高					
项目成员对科学前沿的敏感性明显增强					

本次问卷到此结束，再度感谢您的鼎力协助！

参考文献

[1] 万钢. 全国政协副主席、科学技术部部长万钢在第七届中国科学家论坛上的报告 [EB/OL]. [2008 - 06 - 30]. http：//www. most. gov. cn/tpxw/200807/t20080703_62842. htm.

[2] 赵永新. 中国科协副主席白春礼表示——我国科技发展总体水平还相对落后 [EB/OL]. [2008 - 03 - 21]. http：//politicspeoplecomcn/GB/7027507 html.

[3] 张为，房卫东，崔忠民. 面向过程管理的科研项目管理信息系统的设计与实现 [J]. 中小企业管理与科技，2010 (09)：164 - 166.

[4] 戴国庆，李丽亚. 国外科技项目绩效考评研究与借鉴 [J]. 中国科技论坛，2005 (5)：45 - 48.

[5] 蓝志勇，胡税根. 中国政府绩效评估：理论与实践 [J]. 政治学研究，2008 (3)：106 - 115.

[6] 吴建南，马亮，郑永和. 科学基金国际评估如何报告绩效——关于日本学术振兴会绩效报告的叙事分析 [J]. 科学学与科学技术管理，2009 (12)：55 - 59，69.

[7] 杨列勋，李若筠. 管理科学基金项目绩效评估问题研究 [J]. 中国科学基金，2001 (3)：183 - 186.

[8] 湖南省教育厅. 关于2008年上半年科学研究项目结题及中期检查情况的通报 [EB/OL]. [2008 - 09 - 04]. http：//gov. hnedu. cn/web/0/200809/04104809562. html.

［9］李春好，杜元伟．我国科技合作项目管理机制的缺陷分析与改进对策［J］．管理学报，2010（2）：192 – 198.

［10］彭春艳．为什么有些国家级项目的成果未能结项？［EB/OL］．［2010 – 05］．http：//wwwsciencenetcn/m/user_contentaspx？id = 319036.

［11］周寄中，杨列勋，许治．关于国家自然科学基金管理科学部资助项目后评估的研究［J］．管理评论，2007（3）：13 – 19，63.

［12］陈劲．研发项目管理［M］．北京：机械工业出版社，2004.

［13］李新荣．高校科研项目绩效管理：产出与评估［J］．科技管理研究，2009（8）：230 – 233.

［14］蔡庄．高校科研项目申报工作的几点思考［J］．东北电力大学学报，2006，16（3）：41 – 43.

［15］夏文莉，张敏．科学基金项目依托单位如何实施"卓越管理战略"［J］．中国科学基金，2007（2）：125 – 127.

［16］田文，岳中厚．国家自然科学基金资助项目申请过程中的诚信和真实性问题［J］．中国科学基金，2006，20（2）：104 – 104.

［17］阎波，吴建南，章磊．国家自然科学基金研究类项目资助与管理绩效评估研究报告［R］．西安，2009，12.

［18］朱付元．课题制与科技资源优化配置研究［J］．科学学与科学技术管理，2003（1）：21 – 24.

［19］王延中．科研项目课题制的几个问题［J］．学术界，2007（4）：47 – 60.

［20］张秀萍，刘培莉．大学科研创新团队建设的制约因素及对策［J］．武汉理工大学学报（社会科学版），2006（6）：910 – 915.

［21］中国农业科学院科研经费调研组．农业科研院所科研经费管理中的问题及对策［EB/OL］．［2007 – 05］．http：//wwwcaasnetcn/jianshen/Z_Showasp？ArticleID = 667.

［22］Porter T. W，Lilly BS. The Effects of Conflict，Trust，and Task Commitment on Project Team Performance［J］. International Journal of Conflict Management，1996，7（4）：361 – 376.

［23］ Cox T. H, Blake S. Managing Cultural Diversity: Implications for Organizational Competitiveness ［J］. Academy of Management Journal, 1991, 5 (3): 45 – 56.

［24］ Easley C. Developing, valuing and managing diversity in the new millennium ［J］. Organization Development Journal, 2001, 19 (4): 38 – 50.

［25］ 刘惠琴, 彭方雁. 融合与创新: 研究型大学科研团队运行模式剖析 ［J］. 清华大学教育研究, 2005 (5): 91 – 96, 102.

［26］ Chowdhury S. Demographic diversity for building an effective entrepreneurial team: is it important? ［J］. Journal of Business Venturing, 2005, 20 (6): 727 – 746.

［27］ 邢一亭, 孙晓琳, 王刊良. 科研团队合作效果研究——一个高校科研团队合作状况的调查分析 ［J］. 科学学与科学技术管理, 2009 (1): 181 – 184.

［28］ 吴卫, 陈雷霆. 谈高校科研团队的组建与管理 ［J］. 科技管理研究, 2006 (11): 140 – 141, 155.

［29］ 王宏杰. 科技评价中不良行为的经济学分析 ［J］. 农业科技管理, 2007, 26 (2): 6 – 7.

［30］ 柳洲, 陈士俊. 从学科会聚机制看跨学科科技创新团队建设 ［J］. 科技进步与对策, 2007, 24 (3): 165 – 168.

［31］ 谢沛善. 浅谈科研项目的全过程管理 ［J］. 广西财政高等专科学校学报, 2003, 16 (4): 60 – 63.

［32］ 文琪, 赖鲜. 关于高校科研项目申报的几点思考 ［J］. 西华大学学报 (哲学社会科学版), 2005 (2): 50 – 51.

［33］ Aaltonen K, Kujala J. A project lifecycle perspective on stakeholder influence strategies in global projects ［J］. Scandinavian Journal of Management, 2010, 26 (4): 381 – 397.

［34］ 黄德平. 委托代理视角下的课题制管理研究 ［J］. 科技管理研究, 2010, 22 (221): 230 – 232.

［35］ Cooke – Davies T. Establishing the link between project management practices and project success ［C］. 2002.

［36］ Meredith J. Developing project management theory for managerial application: The view of a research journal's editor [C]. 2002.

[37] Scott – Young C, Samson D. Project success and project team manage-ment: Evidence from capital projects in the process industries [J]. Journal of Op-erations Management, 2008, 26 (6): 749 – 766.

[38] Pinto J. K, Prescott J. E. Variations in Critical Success Factors Over the Stages in the Project Life Cycle [J]. Journal of Management, 1988, 14 (1): 5 – 18.

[39] Delisle C. Contemporary views on shaping, developing and managing teams [M]. The Wiley guide to managing projects, 2004 (9): 983 – 1013.

[40] Raidén A, Dainty A, Neale R. Balancing employee needs, project re-quirements and organizational priorities in team deployment [J]. Construction Man-agement and Economics, 2006, 24 (8): 883 – 895.

[41] Aaltonen K. Project stakeholder analysis as an environmental interpreta-tion process [J]. International Journal of Project Management, 2010, 29 (2): 165 – 183.

[42] Slevin D. P, Pinto J. K. Balancing Strategy and Tactics in Project Imple-mentation [J]. Sloan Management Review, 1987, 29 (1): 33 – 41.

[43] Belassi W, Tukel O. I. A new framework for determining critical suc-cess/failure factors in projects [J]. International Journal of Project Management, 1996, 14 (3): 141 – 151.

[44] Cooke – Davies T. The "real" success factors on projects [J]. Interna-tional Journal of Project Management, 2002, 20 (3): 185 – 190.

[45] Muler R, Turner J. R. The impact of principal-agent relationship and contract type on communication between project owner and manager [J]. Interna-tional Journal of Project Management, 2005, 23 (5): 398 – 403.

[46] Elias A. A, Cavana R. Y, Jackson L. S. Stakeholder analysis for R&D project management [J]. R&D Management, 2002, 32 (4): 301 – 310.

[47] Pan G. S. C. Information systems project abandonment: a stakeholder analysis [J]. International Journal of Information Management, 2005, 25 (2): 173 – 184.

[48] Wang X, Huang J. The relationships between key stakeholders' project

performance and project success: Perceptions of Chinese construction supervising engineers [J]. International Journal of Project Management, 2006, 24 (3): 253 – 260.

[49] Harris M, Raviv A. Some results on incentive contracts with applications to education and employment, health insurance, and law enforcement [J]. The American Economic Review, 1978, 68 (1): 20 – 30.

[50] Eisenhardt K. Agency theory: An assessment and review [J]. Academy of Management Review, 1989, 14 (1): 57 – 74.

[51] Jensen M. C, Meckling W. H. Theory of the firm: Managerial behavior, agency costs and ownership structure [J]. Journal of financial economics, 1976, 3 (4): 305 – 360.

[52] Bergen M, Dutta S, Walker Jr O. C. Agency relationships in marketing: A review of the implications and applications of agency and related theories [J]. The Journal of Marketing, 1992, 56 (3): 1 – 24.

[53] Sappington D. E. M. Incentives in principal-agent relationships [J]. The Journal of Economic Perspectives, 1991, 5 (2): 45 – 66.

[54] Lassar W. M, Kerr J. L. Strategy and control in supplier-distributor relationships: an agency perspective [J]. Strategic Management Journal, 1996, 17 (8): 613 – 632.

[55] Mahaney R. C, Lederer A. L. Information systems project management: an agency theory interpretation [J]. Journal of Systems and Software, 2003, 68 (1): 1 – 9.

[56] Turner J. R, Muller R. Communication and Co – operation on Projects Between the Project Owner As Principal and the Project Manager as Agent [J]. European Management Journal, 2004, 22 (3): 327 – 336.

[57] Liberatore M. J, Wenhong L. Coordination in Consultant – Assisted IS Projects: An Agency Theory Perspective [J]. Engineering Management, IEEE Transactions on, 2010, 57 (2): 255 – 269.

[58] Hayashi T. Effect of R&D programmes on the formation of university-industry-government networks: comparative analysis of Japanese R&D programmes [J]. Research Policy, 2003, 32 (8): 1421 – 1442.

［59］ Herrmann C，Melchert F. Sponsorship models for data warehousing：two case studies ［C］. 2004.

［60］周景泰. 基于委托—代理理论的政府 R&D 资源管理对策分析 ［J］. 研究与发展管理，2003，15 (3)：13 – 16.

［61］黄宁清. 基于委托代理关系下基础研究科研单位科研项目管理问题及对策 ［J］. 科技管理研究，2009 (9)：216 – 218.

［62］Donaldson T. Response：Making stakeholder theory whole ［J］. Academy of Management Review，1999，24 (2)：237 – 241.

［63］吴建南，岳妮. 利益相关性是否影响评价结果客观性：基于模拟实验的绩效评价主体选择研究 ［J］. 管理评论，2007，19 (3)：58 – 62.

［64］Freeman R. E. Strategic management：A stakeholder approach ［M］. Cambridge：Cambridge Univ Pr，2010.

［65］Clarkson M. B. E. A stakeholder framework for analyzing and evaluating corporate social performance ［J］. Academy of Management Review，1995，20 (1)：92 – 117.

［66］Jones TM. Instrumental stakeholder theory：A synthesis of ethics and economics ［J］. Academy of Management Review，1995，20 (2)：404 – 437.

［67］Mitchell R. K，Agle B. R，Wood D. J. Toward a theory of stakeholder identification and salience：Defining the principle of who and what really counts ［J］. Academy of Management Review，1997，22 (4)：853 – 886.

［68］Frooman J. Stakeholder influence strategies ［J］. Academy of Management Review，1999，24 (2)：191 – 205.

［69］Rowley T. J，Moldoveanu M. When will stakeholder groups act？ An interest-and identity-based model of stakeholder group mobilization ［J］. The Academy of Management Review，2003，28 (2)：204 – 219.

［70］Karlsen J. Project stakeholder management ［J］. Engineering Management Journal，2002，14 (4)：19 – 24.

［71］Olander S，Landin A. Evaluation of stakeholder influence in the implementation of construction projects ［J］. International Journal of Project Management，2005，23 (4)：321 – 328.

［72］Achterkamp M. C，Vos J. F. J. Investigating the use of the stakeholder notion in project management literature, a meta-analysis [J]. International Journal of Project Management, 2008, 26 (7): 749 –757.

[73] 曾德明, 张运生, 陈立勇. 基于利益相关者理论分析的 R&D 团队治理机制研究 [J]. 科技管理研究, 2003, 23 (5): 79 –82.

[74] 郭毅, 徐莹, 陈欣. 新制度主义: 理论评述及其对组织研究的贡献 [J]. 社会, 2007, 27 (1): 14 –40.

[75] Scott W. R. Institutional theory: Contributing to a theoretical research program [J]. Great minds in management: The process of theory development, 2005, 37 (2): 460 –484.

[76] Scott W. R. The adolescence of institutional theory [J]. Administrative Science Quarterly, 1987, 32 (4): 493 –511.

[77] Meyer J. W, Rowan B. Institutionalized organizations: Formal structure as myth and ceremony [J]. American journal of sociology, 1977, 83 (2): 340 –363.

[78] Powell W. W, DiMaggio P. J, Chicago UO. The new institutionalism in organizational analysis [M]. Chicago: University of Chicago Press Chicago, IL, 1991.

[79] DiMaggio P. J, Powell W. W. The iron cage revisited: Institutional isomorphism and collective rationality in organizational fields [J]. American sociological review, 1983, 48 (2): 147 –160.

[80] Zucker L. G. Institutional theories of organization [J]. Annual review of sociology, 1987 (13): 443 –464.

[81] Machado – da – Silva C. L. Organizations: rational, natural, and open systems [J]. Revista de Administra o Contemporanea, 2003 (7): 219 –219.

[82] 周雪光. 组织社会学十讲 [M]. 北京: 社会科学文献出版社, 2003.

[83] Oliver C. Strategic responses to institutional processes [J]. Academy of Management Review, 1991, 16 (1): 145 –179.

[84] 郭碧坚. 科研项目实施的方法论 [J]. 科学学研究, 2001 (2): 88 –95, 81.

[85] 曹兴, 栗亮亮. 基于项目负责人制的科研项目管理研究 [J]. 科学

学与科学技术管理，2006（10）：17 – 22.

[86] 谭云涛，郭波. 在科研项目管理中运用成熟度模型的研究 [J]. 山东理工大学学报，2003，17（4）：75 – 79.

[87] 陈省平，李子和，刘涛. 科技项目管理 [M]. 广州：中山大学出版社，2007.

[88] 侯艳萍. 科技项目的特点及其管理的对策分析 [J]. 中国科技信息，2005（21）：7 – 8.

[89] 武永生. 项目管理在科研项目管理的应用研究 [D]. 西安：西安科技大学，2005.

[90] 杜亚灵，尹贻林，严玲. 公共项目管理绩效改善研究综述 [J]. 软科学，2008（4）：72 – 76.

[91] Pinto J. K, Slevin D. P. Project Success: Definitions and Measurement Techniques [J]. Project Management Journal, 1988, 19（1）: 67 – 72.

[92] Bryde D. J. Methods for Managing Different Perspectives of Project Success [J]. British Journal of Management, 2005, 16（2）: 119 – 131.

[93] Atkinson R. Project management: cost, time and quality, two best guesses and a phenomenon, its time to accept other success criteria [J]. International Journal of Project Management, 1999, 17（6）: 337 – 342.

[94] Baccarini. The logical framework method for defining project success [J]. Project Management Journal, 1999, 30（4）: 25 – 32.

[95] Schwalbe. Information technology project management [M]. Boston: Course Technology, 2004.

[96] Van Der Westhuizen D, Fitzgerald E. P, Remenyi D. Defining and measuring project success [C]. Academic Conferences Limited, 2005.

[97] Ika L. A. Project success as a topic in project management journals [J]. Project Management Journal, 2009, 40（4）: 6 – 19.

[98] Henderson J. C, Lee S. Managing I/S Design Teams: A Control Theories Perspective [J]. Management Science, 1992, 38（6）: 757 – 777.

[99] Liu Y. C, Chen H. G, Chen C. C, et al. Relationships among interpersonal conflict, requirements uncertainty, and software project performance [J]. International Journal of Project Management, 2011, 29（5）: 547 – 556.

[100] Barclay C, Osei – Bryson K. M. Project performance development framework: An approach for developing performance criteria & measures for information systems (IS) projects [J]. International Journal of Production Economics, 2010, 124 (1): 272 –292.

[101] 王雪珍. 高校科研项目绩效评价研究 [D]. 长沙: 中南大学, 2007.

[102] 戴贤荣. 浙江省高校科研项目绩效评估研究与分析 [D]. 杭州: 浙江工商大学, 2006.

[103] 郭碧坚, 李少文. 国家自然科学基金重点项目绩效的相关因素分析 [J]. 科学学研究, 2002 (6): 592 –597.

[104] Demeritt D. The New Social Contract for Science: Accountability, Relevance, and Value in US and UK Science and Research Policy [J]. Antipode, 2002, 32 (3): 308 –329.

[105] 杨列勋, 李若筠. 管理科学基金项目绩效评估问题研究 [J]. 中国科学基金, 2001 (3): 183 –186.

[106] 赵学文, 龚旭. 科学研究绩效评估的理论与实践 [M]. 北京: 高等教育出版社, 2007.

[107] Lee H, Park Y, Choi H. Comparative evaluation of performance of national R&D programs with heterogeneous objectives: A DEA approach [J]. European Journal of Operational Research, 2009, 196 (3): 847 –855.

[108] Kumar S. S. AHP – based formal system for R&D project evaluation [J]. Journal of Scientific & Industrial Research, 2004, 63 (11): 888 –896.

[109] Jung U, Seo D. W. An ANP approach for R&D project evaluation based on interdependencies between research objectives and evaluation criteria [J]. Decision Support Systems, 2010, 49 (3): 335 –342.

[110] Chen C. T, Hung W. Z. Applying Fuzzy Linguistic Variable and ELECTRE Method in R&D project Evaluation and Selection [C]. 2008 IEEE International Conference on Industrial Engineering and Engineering Management. IEEE, 2008: 999 –1003.

[111] Lai W. H, Chang P. L, Chou Y. C. Fuzzy MCDM Approach to R&D Project Evaluation in Taiwan's Public Sectors [J]. 2008 Portland International Con-

ference on Management of Engineering & Technology, Vols 1 – 5, 2008: 1523 – 1532.

[112] Cooper WW, Seiford LM, Zhu J. Data Envelopment Analysis. Handbook on Data Envelopment Analysis [M]. Boston: Springer Science & Business Media, 2011: 1 – 39.

[113] Wang E. C, Huang W. Relative efficiency of R&D activities: A cross-country study accounting for environmental factors in the DEA approach [J]. Research Policy, 2007, 36 (2): 260 – 273.

[114] Hsu F. M, Hsueh C. C. Measuring relative efficiency of government-sponsored R&D projects: A three-stage approach [J]. Evaluation and Program Planning, 2009, 32 (2): 178 – 186.

[115] 贺德方. 基于知识网络的科技人才动态评价模式研究 [J]. 中国软科学, 2005 (6): 47 – 53.

[116] Wang E. T. G, Shih S. P, Jiang J. J, et al. The relative influence of management control and user – IS personnel interaction on project performance [J]. Information and Software Technology, 2006, 48 (3): 214 – 220.

[117] Rosalie Ruegg, Feller I. A toolkit for evaluating public R&D investment models, methods, and findings from ATP's first decade [M]. Washington: US Department of Commerce, Technology Administration, National Institute of Standards and Technology, 2003.

[118] Sohn S. Y, Kim H. S, Moon T. H. Predicting the financial performance index of technology fund for SME using structural equation model [J]. Expert Systems with Applications, 2007, 32 (3): 890 – 898.

[119] Sohn S. Y, Gyu Joo Y, Kyu Han H. Structural equation model for the evaluation of national funding on R&D project of SMEs in consideration with MBN-QA criteria [J]. Evaluation and Program Planning, 2007, 30 (1): 10 – 20.

[120] Revilla E, Sarkis J, Modrego A. Evaluating Performance of Public – Private Research Collaborations: A DEA Analysis [J]. The Journal of the Operational Research Society, 2003, 54 (2): 165 – 174.

[121] Georghiou L. Socio – economic Effects of Collaborative R&D—European Experiences [J]. The Journal of Technology Transfer, 1999, 24 (1): 69 – 79.

[122] Martin B. R, Irvine J. Assessing Basic Research – Some Partial Indicators of Scientific Progress in Radio Astronomy [J]. Research Policy, 1983, 12 (2): 61 –90.

[123] Arnold E, Balazs K. Methods in The Evaluation of Publicly Funded Basic Research. A Review for OECD [J/OL]. [1998]. www. technopolis. co. uk.

[124] Salter A. J, Martin B. R. The economic benefits of publicly funded basic research: a critical review [J]. Research Policy, 2001, 30 (3): 509 – 532.

[125] Jordan G. B, Hage J, Mote J. A theories-based systemic framework for evaluating diverse portfolios of scientific work, part 1: Micro and meso indicators [J]. New Directions for Evaluation, 2010, 2008 (118): 7 –24.

[126] Milis K, Mercken R. Success factors regarding the implementation of ICT investment projects [J]. International Journal of Production Economics, 2002, 80 (1): 105 –117.

[127] Dvir D, Ben – David A, Sadeh A, et al. Critical managerial factors affecting defense projects success: A comparison between neural network and regression analysis [J]. Engineering Applications of Artificial Intelligence, 2006, 19 (5): 535 –543.

[128] Fortune J, White D. Framing of project critical success factors by a systems model [J]. International Journal of Project Management, 2006, 24 (1): 53 –65.

[129] Dwyer L, Mellor R. Organizational environment, new product process activities, and project outcomes [J]. Journal of Product Innovation Management, 1991, 8 (1): 39 –48.

[130] Avots I. Why does project management fail? (Project management systems failure analysis, discussing cost, products quality and project objectives) [J]. California Management Review, 1969, 12 (1): 77 –82.

[131] Johns T. G. On creating organizational support for the Project Management Method [J]. International Journal of Project Management, 1999, 17 (1): 47 –53.

[132] I. M. Rubin, Seelig W. Experience as a factor in the selection and per-

formance of project managers ［J］. IEEE Trans Engg Management, 1967, 14 (3): 131 – 134.

［133］Pinto J. K, Slevin D. P. Critical Factors in Successful Project Implementation ［J］. IEEE Transactions on Engineering Management, 1987, 34 (1): 22 – 27.

［134］McDonough E. F, Barczak G. Speeding up New Product Development – The Effects of Leadership – Style and Source of Technology ［J］. Journal of Product Innovation Management, 1991, 8 (3): 203 – 211.

［135］McDonough EF, Barczak G. The Effects of Cognitive Problem – Solving Orientation and Technological Familiarity on Faster New Product Development ［J］. Journal of Product Innovation Management, 1992, 9 (1): 44 – 52.

［136］Liu J. Y – C, Chen H. H – G, Jiang J. J, et al. Task completion competency and project management performance: The influence of control and user contribution ［J］. International Journal of Project Management, 2010, 28 (3): 220 – 227.

［137］Adenfelt M. Exploring the performance of transnational projects: Shared knowledge, coordination and communication ［J］. International Journal of Project Management, 2010, 28 (6): 529 – 538.

［138］Akgun A. E, Lynn G. S. New product development team improvisation and speed-to-market: an extended model ［J］. European Journal of Innovation Management, 2002, 5 (3): 117 – 129.

［139］Belout A, Gauvreau C. Factors influencing project success: the impact of human resource management ［J］. International Journal of Project Management, 2004, 22 (1): 1 – 11.

［140］Akgun A. E, Byrne J. C, Lynn G. S, et al. Team stressors, management support, and project and process outcomes in new product development projects ［J］. Technovation, 2007, 27 (10): 628 – 639.

［141］Bedingfield J. D, Thal A. E. Project manager personality as a factor for success ［C］. 2008: 1303 – 1314.

［142］Hirst G, Mann L. A model of R&D leadership and team communication: the relationship with project performance ［J］. R&D Management. Blackwell

Publishing Limited, 2004: 147 – 160.

[143] Dailey R. C. The Role of Team and Task Characteristics in R&D Team Collaborative Problem Solving and Productivity [J]. Management Science, 1978, 24 (15): 1579 – 1588.

[144] Reagans R, Zuckerman E. W. Networks, diversity, and productivity: The social capital of corporate R&D teams [J]. Organization Science, 2001, 12 (4): 502 – 517.

[145] Keller R. T. Predictors of the Performance of Project Groups in R & D Organizations [J]. The Academy of Management Journal, 1986, 29 (4): 715 – 726.

[146] Hoegl M, Gemuenden H. G. Teamwork Quality and the Success of Innovative Projects: A Theoretical Concept and Empirical Evidence [J]. Organization Science, 2001, 12 (4): 435 – 449.

[147] Parolia N, Goodman S, Li Y, et al. Mediators between coordination and IS project performance [J]. Information & Management, 2007, 44 (7): 635 – 645.

[148] 吴建南, 刘佳. 构建基于逻辑模型的财政支出绩效评价体系——以农业财政支出为例 [J]. 中南财经政法大学学报, 2007 (2): 69 – 74.

[149] 胡红亮, 周萍, 龚春红. 中国科技计划项目管理现状与对策 [J]. 科技管理研究, 2006 (8): 1 – 5.

[150] 孙宝雷. 目前我国科技评估存在的问题与对策 [J]. 情报学报, 2006 (S1): 248 – 250.

[151] 陈贵兰. 我国科技评估进入黄金发展期——访科技部科技评估中心副主任、研究员陈兆莹 [J]. 中国新技术新产品, 2007 (8): 11 – 16.

[152] 李若筠, 杨列勋. 管理科学基金项目论文产出的定量分析 [J]. 科学学与科学技术管理, 2006 (4): 18 – 22.

[153] 韩建国, 陈乐生, 朱东华, 范英, 黄璐. 科学基金国际评估的实践——中德科学中心评估工作 [J]. 中国科学基金, 2009 (3): 47 – 50, 56.

[154] 陈晓田. 国家自然科学基金资助管理科学 15 年回顾与展望 [J]. 中国科学基金, 2001 (6): 332 – 336.

[155] 理论物理专款学术领导小组. 国家自然科学基金理论物理专款十

年工作总结与展望 [J]. 中国科学基金, 2004, 18 (5): 307 – 310.

[156] 沈建新, 郭媛嫣. 科研项目绩效评价初探 [J]. 江苏农业学报, 2009 (6): 1378 – 1381.

[157] 尤建新, 曹颢, 郑海鳌. 国内外科技项目绩效管理理论研究述评 [J]. 科技与管理, 2009 (5): 43 – 45.

[158] 熊春金, 张益民. 国外科技项目绩效评估及我国借鉴 [J]. 现代商业, 2009 (3): 162 – 163.

[159] 马强, 陈建新. 同行评议方法在科学基金项目管理绩效评估中的应用 [J]. 科技管理研究, 2001 (4): 37 – 41.

[160] 单小波, 董文洪, 洪亮, 等. 装备科研项目后评价指标体系及模型 [J]. 海军航空工程学院学报, 2008 (6): 711 – 713, 720.

[161] 陈波, 朱卫东. 基于证据理论的科学基金项目绩效评估方法研究 [J]. 中国科技论坛, 2009 (7): 35 – 39.

[162] 曾令果, 徐辉. 科技项目绩效评估指标体系研究 [J]. 科学咨询 (决策管理), 2009 (10): 21 – 22.

[163] 唐炎钊, 孙敏霞. 地方软科学研究项目绩效评估研究 [J]. 科技进步与对策, 2007 (5): 37 – 40.

[164] 张军果, 任浩, 谢福泉. 项目后评价视角下的财政科技项目绩效评估体系研究 [J]. 科学学与科学技术管理, 2007 (2): 14 – 20.

[165] 刘东, 杜占元. 课题制: 我国研究与开发组织管理模式的重要创新 [J]. 科技进步与对策, 1999 (6): 10 – 11.

[166] 吴学梯, 霍步刚. 强化科研项目管理 积极推行课题制 [J]. 中国财政, 2003 (5): 19 – 20.

[167] 科技部, 财政部, 国家计委. 关于国家科研计划实施课题制管理规定 [EB/OL]. [2002 – 01 – 04]. http: //www. fssti. gov. cn/kjj/zcfg/kjjh/jh2. htm.

[168] 陈鸿鸣, 曹玉琼. 浅析课题制科研管理政策 [J]. 当代经济 (下半月), 2008 (9): 117 – 118.

[169] 华琳, 李栩辉. 基于课题制的科技管理探究 [J]. 中国科技论坛, 2004 (6): 128 – 130.

[170] 李栋亮. 委托代理视角下的科技项目管理问题研究 [J]. 科学学

研究, 2007 (5): 915 - 918.

[171] Grossman S, Hart O. An analysis of the principal-agent problem [J]. Econometrica: Journal of the Econometric Society, 1983, 51 (1): 7 - 45.

[172] 穆红莉. 信息不对称条件下的高校科研管理制度设计 [J]. 云南科技管理, 2006 (1): 21 - 23.

[173] 汪俊. 国家自然科学基金资助项目负责人科研信誉监管的博弈分析 [J]. 中国科学基金, 2008 (5): 286 - 289.

[174] 杨得前, 严广乐, 唐敏. 财政投入科研经费中的逆向选择与道德风险 [J]. 科学学研究, 2006, 24 (1): 42 - 46.

[175] 汪俊, 吴勇. 国家自然科学基金项目依托单位信誉管理的经济学分析 [J]. 安徽科技, 2009 (1): 44 - 45.

[176] Batista P, Campiteli M, Kinouchi O. Is it possible to compare researchers with different scientific interests? [J]. Scientometrics, 2006, 68 (1): 179 - 189.

[177] Ostrom E, Schroeder L. D, Wynne SG. Institutional incentives and sustainable development: Infrastructure policies in perspective [M]. Colorado: Westview Press, 1993.

[178] Englund R, Bucero A. Project sponsorship: Achieving management commitment for project success [M]. Pennsylvania: Project Management Institute, 2015.

[179] Kloppenborg T, Stubblebine P, Tesch D. Project manager vs. executive perceptions of sponsor behaviors [J]. Management Research News, 2007, 30 (11): 803 - 815.

[180] Saak M. The role and impact of the project sponsor [D]. University of Phoenix, 2008.

[181] Bryde D. Perceptions of the impact of project sponsorship practices on project success [J]. International Journal of Project Management, 2008, 26 (8): 800 - 809.

[182] 陈宜瑜. 推进卓越管理 共创和谐环境为建设创新型国家做出更大贡献 [J]. 中国科学基金, 2007, 21 (1): 1 - 6.

[183] 王国骞, 韩宇. 国外科学基金依托单位准入制度研究及立法借鉴

[J]. 中国科学基金, 2009（2）: 119 - 121.

[184] P. H. Cheney, Dickson GW. Organizational characteristics and information systems: an exploratory analysis [J]. Academy of Management Journal, 1982（25）: 170 - 184.

[185] Katz R. The Effects of Group Longevity on Project Communication and Performance [J]. Administrative Science Quarterly, 1982, 27（1）: 81 - 104.

[186] 陈春花, 杨映珊. 科研团队领导的行为基础、行为模式及行为过程研究 [J]. 软科学, 2002（4）: 10 - 13.

[187] Kirsch LS. Portfolios of Control Modes and IS Project Management [J]. Information Systems Research, 1997, 8（3）: 215 - 239.

[188] Ziman J. An introduction to science studies: The philosophical and social aspects of science and technology [M]. New York: Cambridge University Press, 1987.

[189] Mathieu J. E, DeShon R. P, Bergh D. D. Mediational Inferences in Organizational Research: Then, Now, and Beyond [J]. Organizational Research Methods, 2007, 11（2）: 203 - 223.

[190] Crossan M. M. Improvisation in Action [J]. Organization Science, 1998, 9（5）: 593 - 599.

[191] Ting - Peng L, Chih - Chung L, Tse - Min L, et al. Effect of team diversity on software project performance [J]. Industrial Management & Data Systems, 2007, 107（5）: 636 - 653.

[192] Liu J. Y - C, Chen V. J, Chan C - L, et al. The impact of software process standardization on software flexibility and project management performance: Control theory perspective [J]. Information and Software Technology, 2008, 50（9 - 10）: 889 - 896.

[193] Cortina J. What is coefficient alpha? An examination of theory and applications [J]. Journal of Applied Psychology, 1993, 78（1）: 98 - 104.

[194] DeVellis R F. Applied social research methods series. Scale Development: Theory and Applications [M]. Thousand Oaks: Sage Publications, 1991.

[195] 李怀组. 管理研究方法论 [M]. 西安: 西安交通大学出版社, 2004.

［196］ Fornell C, Larcker D. Structural equation models with unobservable variables and measurement error: Algebra and statistics ［J］. Journal of Marketing Research, 1981, 18（3）: 382 – 388.

［197］马庆国. 管理统计——数据获取、统计原理 SPSS 工具与应用研究［M］. 北京: 科学出版社, 2005.

［198］黄宝晟. 国家自然科学基金评审中影响创新项目遴选的因素分析［J］. 研究与发展管理, 2004（1）: 61 – 65, 78.

［199］陈晓田, 黄海军, 李若筠. 绩效评估——切实加强科学基金面上资助项目后期管理的有效途径［J］. 中国科学基金, 2004（3）: 186 – 188.

［200］李若筠. 国家自然科学基金委员会管理科学部资助项目评估研究［J］. 管理学报, 2007（1）: 5 – 15.

［201］王辉. 谈谈科学基金绩效评估中的几个问题［J］. 中国科学基金, 2002（1）: 47 – 49.

［202］高飞雪, 杨俊林. 国家自然科学基金资助项目绩效管理的若干思路［J］. 中国科学基金, 2007（3）: 187 – 189, 192.

［203］白坤朝, 汲培文, 刘喜珍. 科学基金面上项目绩效管理的探索［J］. 中国科学基金, 2004（1）: 56 – 57.

［204］ J. Kay B. Who needs a project sponsor? You do ［C］//Project Management Institute. 28th Annual Seminars and Symposium, Illinois. Chicago: Project Management Institute, 1997.

［205］ Meenaghan T. Sponsorship – legitimising the medium ［J］. European Journal of Marketing, 1991, 25（11）: 5 – 10.

［206］ Olkkonen R, Tikkanen H, Alajoutsij rvi K. Sponsorship as relationships and networks: implications for research ［J］. Corporate communications: an international journal, 2000, 5（1）: 12 – 19.

［207］范英, 郑永和. 海外科学基金评审方法与时间［M］. 北京: 科学出版社, 2004.

［208］ Rose K. H. Situational sponsorship of projects and programs: An empirical view ［J］. Project Management Journal, 2008, 39（3）: 128 – 128.

［209］ Crawford L, Brett C. Exploring the role of the project sponsor ［C］. In Proceedings of the PMI New Zealand Annual Conference, PMINI Wellington New

Zealand, 2001.

[210] Duncan W, Alb ge R, Schulze J. A guide to the project management body of knowledge [C]. Project Management Institute, 1996.

[211] Dinsmore P, Cabanis – Brewin J. The AMA handbook of project management [M]. New York: AMACOM/American Management Association, 2006.

[212] Turner J. The handbook of project-based management [M]. New York: McGraw – Hill Professional, 2009.

[213] Hougham M. Syllabus for the APMP Examination [M]. Buckinghamshire: Association of Project Management, 2000.

[214] Buttie T. A hitchhiker's guide to project management [C]. 1996: 1069 – 1077.

[215] Dolphin R. Sponsorship: perspectives on its strategic role [J]. Corporate communications: an international journal, 2003, 8 (3): 173 – 186.

[216] Liu L. How does strategic uncertainty and project sponsorship relate to project performance?: A study of Australian project managers [J]. Management Research News, 2009, 32 (3): 239 – 253.

[217] Eisenberger R, Huntington R, Huntington S, et al. Perceived organizational support [J]. Journal of Applied Psychology, 1986 (71): 500 – 507.

[218] Ernst H. Success factors of new product development: a review of the empirical literature [J]. International Journal of Management Review, 2002 (4): 1 – 40.

[219] Gelbard R, Carmeli A. The interactive effect of team dynamics and organizational support on ICT project success [J]. International Journal of Project Management, 2009, 27 (5): 464 – 470.

[220] McMillin R. Customer satisfaction and organizational support for service providers [D]. Gainesville: University of Florida, 1997.

[221] Wright J. Time and budget: the twin imperatives of a project sponsor [J]. International Journal of Project Management, 1997, 15 (3): 181 – 186.

[222] Hall M, Holt R, Purchase D. Project sponsors under New Public Management: lessons from the frontline [J]. International Journal of Project Management, 2003, 21 (7): 495 – 502.

［223］ Thamhain H. J. Linkages of project environment to performance: lessons for team leadership ［J］. International Journal of Project Management, 2004, 22 (7): 533 –544.

［224］ Brereton M, Temple M. The new public service ethos: an ethical environment for governance ［J］. Public Administration, 1999, 77 (3): 455 – 474.

［225］ Briner W, Geddes M, Hastings C. Project leadership ［M］. Burlington: Gower Publishing Company Limited, 1993.

［226］ The National Archives and Records Administration's Office of the Federal Register (OFR) and the Government Printing Office. Electronic Code of Federal Regulations. PART 77 – Definitions That Apply to Department Regulations ［EB/OL］. ［2010 –03 –18］. http: //ecfr. gpoaccess. gov/cgi/t/text/text-idx? c = ecfr&sid = 6ae504a37abadf316ae6134a6535409d&rgn = div5&view = text&node = 34: 1. 1. 1. 1. 24&idno =34.

［227］ The National Science Foundation. Proposal Award Policies and Procedures Guide. Part II – Award & Administration Guidelines ［EB/OL］. ［2009 –04 – 06］. http: //www. nsf. gov/pubs/policydocs/pappguide/nsf09_29/nsf0929. pdf.

［228］ 国家自然科学基金委. 国家自然科学基金条例 ［EB/OL］. ［2007 – 03 –06］. http: //www. nsfc. gov. cn/nsfc/cen/gltl/02. htm.

［229］ Carmines E, Zeller R. Reliability and validity assessment. Quantitative applications in the social sciences ［M］. London: SAGE Publications, 1979.

［230］ 陈华杰. 提高地方普通高校校级科研课题结题质量探析 ［J］. 技术与创新管理, 2005 (2): 35 –38.

［231］ Wright P. M, Kacmar K. M, McMahan G. C, et al. P = F (MXA): Cognitive – Ability as a Moderator of The Relationship Between Personality and Job – Performance ［J］. Journal of Management, 1995, 21 (6): 1129 –1139.

［232］ Cole S. Age and Scientific Performance ［J］. The American Journal of Sociology, 1979, 84 (4): 958 –977.

［233］ Bonaccorsi A, Daraio C. Age effects in scientific productivity ［J］. Scientometrics, 2003, 58 (1): 49 –90.

［234］ Levin S. G, Stephan P. E. Age and research productivity of academic scientists [J]. Research in Higher Education, 1989, 30 (5): 531 –549.

[235] Li L, Yi W, Chai F. Relation of the Project Manager Leadership and Performance [C]. 2007: 5244 –5247.

[236] Odusami KT, Iyagba RRO, Omirin MM. The relationship between project leadership, team composition and construction project performance in Nigeria [J]. International Journal of Project Management, 2003, 21 (7): 519 –527.

[237] Flamholtz E. G, Das T. K, Tsui A. S. Toward an integrative framework of organizational control [J]. Accounting, Organizations and Society, 1985, 10 (1): 35 –50.

[238] Katz R, Allen TJ. Project Performance and the Locus of Influence in the R&D Matrix [J]. The Academy of Management Journal, 1985, 28 (1): 67 –87.

[239] Choudhury V, Sabherwal R. Portfolios of Control in Outsourced Software Development Projects [J]. Information Systems Research, 2003, 14 (3): 291 –314.

[240] 岳洪江, 张梁. 基金项目负责人与科技人才年龄结构比较研究 [J]. 科研管理, 2002 (6): 100 –106.

[241] 宋旭红, 沈红. 学术职业发展中的学术声望与学术创新 [J]. 科学学与科学技术管理, 2008 (8): 98 –103.

[242] 文芳, 胡玉明. 中国上市公司高管个人特征与 R&D 投资 [J]. 管理评论, 2009 (11): 84 –91, 128.

[243] Lee S. H, Wong P. K, Chong C. L. Human and social capital explanations for R and D outcomes [J]. IEEE Transactions on Engineering Management, 2005, 52 (1): 59 –68.

[244] McDonough E. F. Faster new product development: Investigating the effects of technology and characteristics of the project leader and team [J]. Journal of Product Innovation Management, 1993, 10 (3): 241 –250.

[245] 肖淑侠, 宋王. 高校教师的职称及其对职称的基本认识 [J]. 吉林农业大学学报, 1997 (S1): 226 –228.

[246] 许宏. 医学高校教师科研行为和心理的调查研究 [D]. 广州: 南方医科大学, 2009.

［247］徐晓霞．中国科技资源的现状及开发利用中存在的问题［J］．资源科学，2003（3）：83－89.

［248］孔志洪，郭陈朱．高校出国留学政策研究［J］．中国高等医学教育，2000（6）：3－5.

［249］陈学飞．改革开放以来大陆公派留学教育政策的演变及成效［J］．复旦教育论坛，2004（3）：12－16.

［250］黄小华，戴月，孔晓慧．高校"双肩挑"管理干部问题探讨［J］．中山大学学报论丛，2003（1）：1－6.

［251］刘继荣，朱原，王玉芝．对高校干部"双肩挑"的理性分析［J］．高等工程教育研究，2005（6）：48－50.

［252］刘哈兰．角色理论视角下的高校管理干部"双肩挑"现象研究［D］．上海：华中师范大学，2006.

［253］Shalley C. E, Gilson L. L. What leaders need to know：A review of social and contextual factors that can foster or hinder creativity［J］. The Leadership Quarterly, 2004, 15（1）：33－53.

［254］Weisberg R. W. Creativity and knowledge：A challenge to theories. Handbook of creativity［M］. New York：Cambridge University Press, 1999：226－250.

［255］Cameron M. F. A Theory of Individual Creative Action in Multiple Social Domains［J］. The Academy of Management Review, 1996, 21（4）：1112－1142.

［256］Simons R. How New Top Managers Use Control Systems as Levers of Strategic Renewal［J］. Strategic Management Journal, 1994, 15（3）：169－189.

［257］Munns A. K, Bjeirmi B. F. The role of project management in achieving project success［J］. International Journal of Project Management, 1996, 14（2）：81－87.

［258］Locke E, Shaw K, Saari L, et al. Goal setting and task performance：1969－1980［J］. Psychological Bllletin, 1980, 90（1）：125－152.

［259］Jiang J. J, Klein G, Chen H. G. The effects of user partnering and user non-support on project performance［J］. Journal of the Association for Information Systems, 2006, 7 (1): 68 – 90.

［260］Dvir D, Raz T, Shenhar A. J. An empirical analysis of the relationship between project planning and project success ［J］. International Journal of Project Management, 2003, 21 (2): 89 – 95.

［261］Cooper R. G, Kleinschmidt E. J. Determinants of timeliness in product development ［J］. Journal of Product Innovation Management, 1994, 11 (5): 381 – 396.

［262］Ouchi W. G. A conceptual framework for the design of organizational control mechanisms ［J］. Management Science, 1979, 25 (9): 833 – 848.

［263］Jaworski B. J, Stathakopoulos V, Krishnan HS. Control combinations in marketing: conceptual framework and empirical evidence ［J］. The Journal of Marketing, 1993, 57 (1): 57 – 69.

［264］Bonner J. M, Ruekert RW, Orville C. Walker J. Upper management control of new product development projects and project performance ［J］. Journal of Product Innovation Management, 2002, 19 (3): 233 – 245.

［265］Williams K. Y, O'Reilly C. A. Demography and diversity in organizations: A review of 40 years of research ［J］. Research in Organizational Behavior, 1998 (20): 77 – 140.

［266］Polzer J. T, Crisp C. B, Jarvenpaa S. L, et al. Extending the faultline model to geographically dispersed teams: How colocated subgroups can impair group functioning ［J］. Academy of Management Journal, 2006, 49 (4): 679 – 692.

［267］彭云, 王伦安. 从团队管理基本特征看高校科研团队的优化与激励 ［J］. 中华医学科研管理杂志, 2006 (5): 309 – 310, 312.

［268］Magni M, Proserpio L, Hoegl M, et al. The role of team behavioral integration and cohesion in shaping individual improvisation ［J］. Research Policy, 2009, 38 (6): 1044 – 1053.

［269］Nahapiet J, Ghoshal S. Social capital, intellectual capital, and the organizational advantage ［J］. Academy of Management Review, 1998, 23 (2): 242 – 266.

［270］Leybourne S. A. Improvisation and agile project management: a comparative consideration [J]. International Journal of Managing Projects in Business, 2009, 2 (4): 519 –535.

[271] Cunha MPe, Cunha JoVd, Kamoche K. Organizational improvisation: what, when, how and why [J]. International Journal of Management Reviews, 1999, 1 (2): 299 –341.

[272] Lawrence B. S. The Black Box of Organizational Demography [J]. Organization Science, 1997, 8 (1): 1 –22.

[273] Day D. V, Gronn P, Salas E. Leadership capacity in teams [J]. The Leadership Quarterly, 2004, 15 (6): 857 –880.

[274] Hambrick D. C. Top management groups: A conceptual integration and reconsideration of the team label [M]. Greenwich: Research in organizational behavior ed. , 1994: 171 –214.

[275] Simsek Z, Veiga J. F, Lubatkin M. H, et al. Modeling the multilevel determinants of top management team behavioral integration [J]. Academy of Management Journal, 2005, 48 (1): 69 –84.

[276] 邱家彦. 转换型领导、团队异质性及团队冲突与团队学习关系之探讨: 团队行为整合之中介角色 [D]. 台湾: 台湾中山大学, 2005.

[277] Shaw J. B, Barrett –Power E. The Effects of Diversity on Small Work Group Processes and Performance [J]. Human Relations, 1998, 51 (10): 1307 –1325.

[278] Carmeli A, Schaubroeck J. Top management team behavioral integration, decision quality, and organizational decline [J]. The Leadership Quarterly, 2006, 17 (5): 441 –453.

[279] Lubatkin M. H, Simsek Z, Ling Y, et al. Ambidexterity and performance in small-to medium-sized firms: The pivotal role of top management team behavioral integration [J]. Journal of Management, 2006, 32 (5): 646 –672.

[280] Haiyang L. I, Yan Z. Founding Team Comprehension and Behavioral Integration: Evidence From New Technology Ventures in China [C]. Academy of Management Proceedings. Academy of Management, 2002.

［281］ Van de Ven, Andrew H. , et al. Organizational diversity, integration and performance ［J］. Journal of Organizational Behavior, 2008, 29 （3）: 335 - 354.

［282］ Soldan Z, Bowyer K. Behavioral integration and performance: the moderating effect of diversity ［J］. European Journal of Management, 2009, 9 （1）: 62 - 72.

［283］ 姚振华, 孙海法. 高管团队行为整合的构念和测量: 基于行为的视角 ［J］. 商业经济与管理, 2009 （12）: 28 - 36.

［284］ 贺立军, 王云峰. 高校领导团队行为整合研究: 团队认知视角 ［J］. 河北学刊, 2010 （1）: 190 - 193.

［285］ 姚振华, 孙海法. 高管团队组成特征与行为整合关系研究 ［J］. 南开管理评论, 2010 （1）: 15 - 22.

［286］ 陈忠卫, 常极. 高管团队异质性, 集体创新能力与公司绩效关系的实证研究 ［J］. 软科学, 2009, 23 （9）: 78 - 83.

［287］ Barrett F. J. Creativity and improvisation in jazz and organizations: Implications for organizational learning ［J］. Organization Science, 1998, 9 （5）: 605 - 622.

［288］ Vera D, Crossan M. Improvisation and innovative performance in teams ［J］. Organization Science, 2005, 16 （3）: 203 - 224.

［289］ Moorman C, Miner A. S. Organizational Improvisation and Organizational Memory ［J］. The Academy of Management Review, 1998, 23 （4）: 698 - 723.

［290］ Miner A. S, Bassoff P, Moorman C. Organizational Improvisation and Learning: A Field Study ［J］. Administrative Science Quarterly, 2001, 46 （2）: 304 - 337.

［291］ Mendonca D. J, William A. A. A cognitive model of improvisation in emergency management ［J］. Ieee Transactions on Systems Man and Cybernetics Part a - Systems and Humans, 2007, 37 （4）: 547 - 561.

［292］ Leybourne S, Sadler - Smith E. The role of intuition and improvisation in project management ［J］. International Journal of Project Management, 2006, 24 （6）: 483 - 492.

［293］Weick. Improvisation as a mindset for organizational analysis ［J］. Organization Science, 1998, 9 (5): 543 - 555.

［294］Bansler J. P, Havn E. C. Improvisation in Action: Making Sense of IS Development in Organizations ［C］. Organisations and Information Systems (ALOIS 2003) Linkping, Sweden 2003: 51 - 63.

［295］Samra Y. M, Lynn G. S, Reilly R. R. Effect of Improvisation on Product Cycle Time and Product Success: A Study of New Product Development (NPD) Teams in the United States ［J］. International Journal of Management. International Journal of Management, 2008, 25 (1): 175 - 185.

［296］Chelariu C, Johnston W. J, Young L. Learning to improvise, improvising to learn: a process of responding to complex environments ［J］. Journal of Business Research, 2002, 55 (2): 141 - 147.

［297］Gallo M, Gardiner P. D. Triggers for a flexible approach to project management within UK financial services ［J］. International Journal of Project Management, 2007, 25 (5): 446 - 456.

［298］Mooney A. C, Sonnenfeld J. Exploring Antecedents to Top Management Team Conflict: The Importance of Behavioral Integration ［C］. Academy of Management, 2001: 11 - 16.

［299］West M. A. The social psychology of innovation in groups. Innovation and creativity at work: Psychological and organizational strategies ［M］. Oxford, England: John Wiley & Sons, 1990: 309 - 333.

［300］Eisenhardt K. M, Tabrizi B. N. Accelerating Adaptive Processes: Product Innovation in the Global Computer Industry ［J］. Administrative Science Quarterly, 1995, 40 (1): 84 - 110.

［301］Liang D. W, Moreland R, Argote L. Group Versus Individual Training and Group - Performance - The Mediating Role of Transactive Memory ［J］. Personality and Social Psychology Bulletin, 1995, 21 (4): 384 - 393.

［302］Mantel S J, Meredith J R, Shafer S M. 项目管理实践 ［M］. 魏青江, 译. 北京: 电子工业出版社, 2002.

［303］Campbell J P, Gasser M B, Oswald F L. The substantive nature of job performance variability ［M］//Murphy K R. Individual differences and behavior in organizations. San Francisco: Jossey – Bass, 1996: 258 – 299.

[304] Kane J S, et al. Performance appraisal [M]. Hillsdale, NJ: Psychology and Policing, Erlbaum Associates, 1995: 257 – 289.

[305] 杰里·W·吉雷, 安·梅楚尼奇. 组织学习、绩效与变革: 战略人力资源开发导论 [M]. 康青, 译. 北京: 中国人民大学出版社, 2005.

[306] Rotundo M, Sackett P R. The relative importance of task, citizenship, and counterproductive performance to global ratings of job performance: a policy – capturing approach [J]. Journal of Applied Psychology, 2002, 87 (1): 66 – 80.

[307] Borman W C, Motowidlo S M. Expanding the criterion domain to include elements of contextual performance [M]//Schmitt N, Borman W C. Personnel selection in organizations. San Francisco: Jossey – Bass, 1993.

[308] Wang E T G, Shih S P, Jiang J J, et al. The relative influence of management control and user – IS personnel interaction on project performance [J]. Information & Software Technology, 2006, 48 (3): 214 – 220.

[309] Parolia N, Goodman S, Li Y, et al. Mediators between coordination and IS project performance [J]. Information & Management, 2007, 44 (7): 635 – 645.

[310] Pinkerton W. Project Management: Achieving Project Bottom – line Success [M]. New York: McGraw – Hill, 2003.

[311] Sohn S Y, Joo Y G, Han H K. Structural equation model for the evaluation of national funding on R&D project of SMEs in consideration with MBNQA criteria [J]. Evaluation & Program Planning, 2007, 30 (1): 10 – 20.

[312] Martin C C. Project management : how to make it work [J]. 1976.

[313] Jelinek M, Schoonhoven C B. The innovation marathon: Lessons from high technology firms [M]. San Francisco: Jossey – Bass Publishers, 1990.

[314] Olander S. Stakeholder impact analysis in construction project management [J]. Construction Management & Economics, 2007, 25 (1 – 3): 277 – 287.

[315] Mankin D A, Cohen S G, Bikson T K. Teams and Technology: Fulfilling the Promise of the New Organization [M]. Boston: Harvard Business School Press, 1996.

［316］Nunnally J C. Psychometric theory ［M］. 3rd ed. New York: Tata McGraw – hill education, 1994.

［317］王爱英, 时松和, 冯丽云, 等. 工作满意度影响因素的最优尺度回归分析 ［J］. 中国卫生统计, 2008, 25 (005): 523 – 525.

［318］James L R, Brett J M. Mediators, Moderators, and Test for Mediation ［J］. Journal of Applied Psychology, 1984, 69 (2): 307 – 321.

［319］D'Astous A, Bitz P. Consumer evaluations of sponsorship programmes ［J］. European Journal of Marketing, 1995, 29 (12): 6 – 22.

［320］Cornwell T B, Weeks C S, Roy D P. Sponsorship – Linked Marketing: Opening the Black Box ［J］. The Journal of Advertising, 2005, 34 (2): 21 – 42.

［321］Englund R L, Graham R J, 等. 如何转型为项目型企业 ［M］. 华唯宏, 熊伟, 译. 北京: 清华大学出版社, 2004.

［322］Aquino K, Griffeth R W, Allen D G, et al. Integrating Justice Constructs into the Turnover Process ［J］. The Academy of Management Journal, 1997, 40 (5): 1208 – 1227.

［323］Andrews M C, Kacmar K M. Discriminating among organizational politics, justice and support ［J］. Journal of Organizational Behavior, 2001.

［324］Cheney P H, Dickson G W. Organizational Characteristics and Information Systems: An Exploratory Investigation ［J］. Academy of Management Journal, 1982, 25 (1): 170 – 184.

［325］Janssen V O. Joint Impact of Interdependence and Group Diversity on Innovation ［J］. Journal of Management, 2003, 29 (05): 729 – 751.

［326］刘惠琴, 张德. 高校学科团队中魅力型领导对团队创新绩效影响的实证研究 ［J］. 科研管理, 2007 (04): 185 – 191.

［327］Fronell C, Larcker D. Evaluating Structural Equation Models with Unobservable Variables and Measurement Error ［J］. Journal of Marketing Research, 1981 (18): 39 – 50.

［328］Hwang M I, Thorn R G. The effect of user engagement on system success: A meta – analytical integration of research findings ［J］. Information & Management, 1999, 35 (4): 229 – 236.

[329] Bonner J M, Ruekert R W, Walker O C. Upper management control of new product development projects and project performance [J]. Journal of Product Innovation Management, 2002, 19 (3): 233 –245.

[330] Amabile T M. A Model of Creativity and Innovation in Organizations [J]. Research in Organizational Behavior, 1988, 10 (10): 123 –167.

[331] Crossan M, Sorrenti M. Making sense of improvisation [J]. Advances in Strategic Management, 1997, 14: 155 –180.

[332] Hage J, Zaltman G, Duncan R, et al. Innovations and Organizations [J]. Contemporary Sociology, 1976, 5 (4): 479.

[333] Gorsuch R L. Factor Analysis [M]. 2nd ed. Hillsdle, NJ: Lawrence Erlbaum Associates, 1983.